U0229713

高等院校应用型本科"十三五"规划教材·计算机类

数据库原理及应用实践教程

SHUJUKU YUANLI JI YINGYONG SHIJIAN JIAOCHENG

▶ 主　编　何友鸣　宋　洁　何　苗
▶ 副主编　李双星　陈　琛　张永进

华中科技大学出版社
http://www.hustp.com
中国·武汉

内 容 简 介

本书是《数据库原理及应用》教材的同步辅导书。数据库原理及应用技术实践性很强,要求学生不仅掌握数据库的基础知识与理论,而且要在计算机的实际操作上达到一定的熟练程度,能够运用数据库解决日常工作中的问题。为了加强实验教学,提高学生的实际动手能力,我们编写了这本与教材配套的《数据库原理及应用实践教程》,力求为主教材提供相得益彰的学习方法和实验指导,高效辅助教学。本实践教程内容新颖、概念准确、通俗易懂、实用性强,在风格上与主教材完全一致。

本书由 12 章组成,在结构上基本与主教材保持一致:前 10 章服从主教材的构架,对每一章的学习内容进行学习指导(包括学习目的和学习要求)、阅读、习题解答、课外习题及解答等。第 11 章和第 12 章是重要阅读材料,分别介绍数据库方面的专业发展前沿知识,包括 Access 与其他应用软件的协同应用和数据库安全管理知识,尽力使得教学体系更完备,有利于提高学生的实际动手能力。

本实践教程内容涵盖了计算机等级考试二级 Access 考试大纲的主要内容。在出版社的网站提供本书的课件等教学辅导资料的下载。

本书可作为大专院校有关专业学生数据库技术课程的配套教材,对从事大学本科数据库技术教学的教师,以及数据库技术方面的从业工程技术人员、管理人员、财会人员、办公室工作人员等,也是一本极好的参考书。

图书在版编目(CIP)数据

数据库原理及应用实践教程/何友鸣,宋洁,何苗主编.—武汉:华中科技大学出版社,2017.1
ISBN 978-7-5680-1989-7

Ⅰ.①数… Ⅱ.①何… ②宋… ③何… Ⅲ.①关系数据库系统-教材 Ⅳ.①TP311.138

中国版本图书馆 CIP 数据核字(2016)第 144874 号

数据库原理及应用实践教程　　　　　　　　　　　　何友鸣　宋　洁　何　苗　主编
Shujuku Yuanli ji Yingyong Shijian Jiaocheng

策划编辑:曾　光
责任编辑:史永霞
封面设计:抱　子
责任监印:朱　玢
出版发行:华中科技大学出版社(中国·武汉)　　　电话:(027)81321913
　　　　　武汉市东湖新技术开发区华工科技园　　　邮编:430223
录　　排:武汉正风天下文化发展有限公司
印　　刷:武汉市籍缘印刷厂
开　　本:787mm×1092mm　1/16
印　　张:13.00
字　　数:355 千字
版　　次:2017 年 1 月第 1 版第 1 次印刷
定　　价:36.00 元

前言 PREFACE

这本实践教程是《数据库原理及应用》教材（后称主教材）的同步辅导书。前10章服从主教材的构架，在结构上基本与主教材保持一致，对每一章的学习内容进行学习指导（包括学习目的和学习要求）、阅读、习题解答、课外习题及解答等。

本实践教程由12章组成，内容涵盖了计算机等级考试二级Access考试大纲的主要内容。

除前面与主教材同步的10章外，本书增加了重要阅读内容，即第11章和第12章，介绍了Access与其他软件的协同应用和安全管理知识。这两章是关于数据库方面的发展前沿知识和Access应用的重要方面，我们放在这里供大家选学和阅读。

"数据库原理及应用"是一门实践性很强的课程，要求学生不仅掌握数据库的基础知识与理论，而且在计算机的实际操作上要达到一定的熟练程度，能够运用数据库解决日常工作中的问题。按照教学大纲的要求，为了加强实验教学，提高学生的实际动手能力，我们编写了这本与主教材配套的《数据库原理及应用实践教程》，力求高效辅助教学。本实践教程内容新颖、概念准确、通俗易懂、实用性强，在风格上与主教材完全一致。

本教程由武汉学院何友鸣、常州轻工职业技术学院宋洁和武汉学院何苗三人担任主编，河南大学李双星、空军预警学院陈琛和常州轻工职业技术学院张永进担任副主编。参加本书编写的有：武汉学院方辉云及中南财经政法大学王中婧、杭州师范大学雷奥，以及何博、田雪、李进、刘婉妮、郭小青、明喆、王珊。

在编写过程中，我们注意到高职高专计算机数据库教学的特点，故在本书的编写中体现了这一方面的要求，尽力使得教学体系更加完备，以提高学生的实际动手能力。

本书可作为大专院校非计算机专业学生有关数据库技术课程的配套教材，对从事大学本科数据库技术教学的教师，以及数据库技术方面的从业工程技术人员、管理人员、财会人员、办公室工作人员等，也是一本极好的参考书。

　　出版社的网站上提供本书的课件等教学辅导资料的下载。

　　对于本书的编写和出版,我们要特别感谢支持和帮助我们的朋友和领导们。我们衷心感谢那些诚恳对待我们、不势利、不损人利己的朋友和领导们,感谢华中科技大学出版社的朋友们,感谢你们的鼎力帮助,你们对本书出版的重要性是无法估量的! 在武汉学院 5 年的任职和教学中,我们编写了 9 部专业教材,使这个专业类的教材建设从无到有、从落后到跟上形势,对此我们感到欣慰! 这与我们心目中的那些挚友们精神上的鞭策和鼓励是分不开的。亲爱的朋友们,你们携手或曾携手我们的生命旅程,在搁笔之时,向你们深深地说一声:谢谢你们给了我们精彩的回忆!

　　由于水平所限,书中错误和不足之处在所难免,恳请读者提出宝贵意见。

　　最后,还要由衷地感谢支持和帮助我们的所有朋友们! 谢谢你们使用和关心本书,并预祝你们教学、学习或工作成功!

编　者

2016 年 8 月于武汉学院

目录

第①章　数据库基础

 ## 1.1　学习指导

这一章是本书的开篇,介绍本书涉及的概念,是入门篇,引导我们进入数据库的殿堂。

首先要弄清楚的概念是数据、信息、数据处理与数据处理系统等,从数据管理引申出数据库技术及建立数据库系统的基本概念,为从理论上介绍数据库设计的步骤和方法以及数据库系统的实际应用打下基础。

本章最后简要介绍当代数据库技术的发展和当代常用数据库管理系统,这些内容可供同学们课外自行阅读。

(一)学习目的

本书讲数据库原理及应用,简单介绍数据库技术在当代的重要性和基本原理,重点介绍数据库应用技术,具体是 Microsoft 公司的办公软件包 Office 下的 Access 小型关系数据库系统的应用,版本以 2010 年的为主。后面第 11 章(在实践教程上)还适当介绍了 Access 与其他产品的协同应用知识和 Microsoft Office 下的 Word 软件的一些高级应用。

计算机是当前信息社会最普遍使用和最重要的信息处理工具。而在计算机中,数据库技术是信息处理的主要技术之一,信息处理和数据库技术的核心内容是数据管理。

在计算机领域,信息和数据是密切相关的两个概念。通过本章学习,要弄清楚信息和数据及其相关的概念,为后面具体数据库原理和技术等各章的学习打好必要的基础。

(二)学习要求

通过学习这一章的内容,我们必须掌握有关数据库的基本概念,为学习好"数据库原理及应用"课程准备必要的知识。

本章对数据库技术从应用的角度进行了宏观的概括。首先,从信息和数据是密切相关的两个概念出发,重点介绍了信息、数据、信息与数据的关系,以及数据处理的含义,阐述了数据库技术是计算机数据管理和数据处理的核心技术。从发展过程看,计算机数据管理经历了手工管理、文件系统和数据库系统三个阶段。数据库系统包括与数据库相关的所有软、硬件和人员组成,其中最核心的是数据库和 DBMS,DBA 是数据库系统中非常重要的成员。

本章的核心是数据库基本理论。读者学习本章,应该对数据库应用的主要环节及内容有一个系统的、整体的了解,为后续学习打下基础。

本章后面的 1.4 节和 1.5 节在讲课时可以简单介绍,或同学们自行阅读。

 ## 1.2　阅　　读

(一)必要的预备知识

数据　data

数据库　DB＝data base

数据库系统　DBS＝data base system

数据库管理系统　DBMS＝data base management system

数据库应用系统　DBAS＝data base application system

决策支持系统　DSS＝decision support system

DSS 的组成:

模型库　MB＝model base

模型库管理系统　MBMS＝model base management system

(二) 数据库的基本术语

(1) 数据库:以一定的方式将相关数据组织在一起并存储在外存储器上形成的、能为多个用户共享的、与应用程序彼此独立的一组相互关联的数据集合。

(2) 数据库管理系统:帮助用户建立、使用和管理数据库的软件系统。数据库管理系统由三个基本部分组成:

① 数据描述语言DDL＝data description language;

② 数据操作语言DML＝data manipulation language;

③ 其他管理和控制程序 如维护管理、安全控制、运行控制等。

(3) 数据库系统:以计算机系统为基础,以数据库方式管理大量共享数据的综合系统。

(4) 数据库应用系统:在数据库管理系统支持下建立的计算机应用程序。

(三) 数据库系统的特点

(1) 数据结构化。

(2) 数据共享。

(3) 数据独立性。

(4) 可控冗余度。

(5) 统一的管理和控制。

 ## 1.3　习题 1 解答

一、问答题

(1) 什么是信息?

【参考答案】　信息的定义,不同的行业、学科基于各自的特点,提出了各自不同的定义。一般认为,信息(information)是指数据经过加工处理后所获取的有用知识。信息是以某种数据形式表现的。

(2) 什么叫数据处理系统? 数据处理系统主要指哪些内容?

【参考答案】　为实现特定的数据处理目标所需要的所有各种资源的总和称为数据处理系统。一般情况下,数据处理系统主要指硬件设备、软件环境与开发工具、应用程序、数据集合、相关文档。

(3) 如何理解数据? 数据与信息有什么关系?

【参考答案】　数据(data)是指人们通常表示客观事物的特性和特征而使用的各种各样的物理符号,以及这些符号的组合。

数据是载荷信息的物理符号,信息是对事物运动状态和特征的描述。而一个系统或一次处理所输出的信息,可能是另一个系统或另一次处理的数据。

数据和信息是两个相互联系但又相互区别的概念:数据是信息的具体表现形式,信息是数据有意义的表现。

我们可以理解,数据和信息是两个相对的概念,相似而又有区别,因而经常混用。

(4) 简述数据处理的含义。

【参考答案】 数据处理就是将数据转换为信息的过程。所谓数据处理,就是指对数据的收集、整理、组织、存储、维护、加工、查询、传输的过程。数据处理的目的是获取有用的信息,核心是数据。

(5) 计算机数据处理技术经历了哪几个阶段? 各阶段的主要特点是什么?

【参考答案】 计算机数据处理技术经历了三个阶段:人工管理阶段、文件管理阶段、数据库管理阶段。

在人工管理阶段,由于数据与应用程序的对应、依赖关系,因而数据冗余,数据结构性差,而且数据不能长期保存。

在文件管理阶段,应用程序通过专门管理数据的软件即文件系统管理来使用数据,数据可以长期保存;程序和数据有了一定的独立性。但文件系统只是简单地存放数据,数据的存取在很大程度上仍依赖于应用程序即数据由应用程序定义,不同程序难于共享同一数据文件,数据独立性较差,仍有较高的数据冗余,极易造成数据的不一致性。

在数据库管理阶段,数据库技术使数据有了统一的结构,对所有的数据实行统一、集中、独立的管理,以实现数据的共享,保证数据的完整性和安全性,提高了数据管理效率。

数据库技术在不断发展和提高。

(6) 什么是数据库? 什么是数据库管理系统?

【参考答案】 简单地说,数据库(DB,data base)就是相关联的数据的集合。数据库中存放着数据处理系统所需要的各种相关数据,是数据处理系统的重要组成部分。

数据库管理系统是指负责数据库存取、维护、管理的系统软件。DBMS 提供对数据库中数据资源进行统一管理和控制的功能,将用户应用程序与数据库数据相互隔离。它是数据库系统的核心,其功能的强弱是衡量数据库系统性能优劣的主要指标。

(7) 数据共享包括哪些方面?

【参考答案】 数据共享包括三个方面:所有用户可以同时存取数据;数据库不仅可以为当前的用户服务,也可以为将来的新用户服务;可以使用多种语言完成与数据库的接口。

(8) 试述分布式数据库系统的主要特点。

【参考答案】 分布式数据库系统由多台计算机组成,每台计算机上都配有各自的本地数据库,各计算机之间由通信网络联接。

分布式数据库系统的主要特点如下。

① 数据是分布的。数据库中的数据分布在计算机网络的不同结点上,而不是集中在一个结点,区别于数据存放在服务器上由各用户共享的网络数据库系统。

② 数据是逻辑相关的。分布在不同结点上的数据,逻辑上属于同一个数据库系统,数据间存在相互关联,区别于由计算机网络联接的多个独立数据库系统。

③ 结点的自治性。每个结点都有自己的计算机软、硬件资源,数据库,数据库管理系统(即 local data base management system,LDBMS,局部数据库管理系统),因而能够独立地管理局部数据库。

(9) 面向对象数据库系统的基本设计思想是什么?

【参考答案】 面向对象数据库系统(object-oriented data base system,OODBS)是将面

向对象的模型、方法和机制,与先进的数据库技术有机地结合而形成的新型数据库系统。它从关系模型中脱离出来,强调在数据库框架中发展类型、数据抽象、继承和持久性;它的基本设计思想是:一方面,把面向对象语言向数据库方向扩展,使应用程序能够存取并处理对象;另一方面,扩展数据库系统,使其具有面向对象的特征,提供一种综合的语义数据建模概念集,以便对现实世界中复杂应用的实体和联系建模。因此,面向对象数据库系统首先是一个数据库系统,具备数据库系统的基本功能,其次是一个面向对象的系统,针对面向对象的程序设计语言的永久性对象存储管理而设计的,充分支持完整的面向对象概念和机制。

(10) 从实际应用的角度考虑,多媒体数据库管理系统应具有哪些基本功能?

【参考答案】

① 应能够有效地表示多种媒体数据,对不同媒体的数据如文本、图形、图像、声音等能够按应用的不同,采用不同的表示方法。

② 应能够处理各种媒体数据,正确识别和表现各种媒体数据的特征和各种媒体间的空间或时间关联。

③ 应能够像其他格式化数据一样对多媒体数据进行操作,包括对多媒体数据的浏览、查询检索,对不同的媒体提供不同的操纵,如声音的合成、图像的缩放等。

④ 应具有开放功能,提供多媒体数据库的应用程序接口等。

二、填空题

(1) 当代企业对信息处理的要求归结为<u>及时</u>、<u>准确</u>、<u>适用</u>、<u>经济</u>等四个方面。

(2) 目前,在数据处理系统中,最主要的技术是<u>数据库技术</u>。

(3) 数据库中的数据具有<u>集中性</u>和<u>共享性</u>。

(4) <u>数据共享</u>是指多个用户可以同时存取数据而不相互影响。

(5) 数据处理的目的是获取有用的<u>信息</u>,核心是<u>数据</u>。

(6) 描述和表达特定对象的信息,是通过对这些对象的各属性取值得到的,这些属性值就是<u>数据</u>。

(7) <u>数据库</u>技术是目前最主要的数据管理技术。

(8) 数据库中,<u>数据</u>是最重要的资源。

(9) MDBMS 是<u>多媒体数据库管理系统</u>的简称。

三、名词解释

(1) 数据处理系统的开发。

【参考答案】 数据处理系统的开发是指在选定的硬件、软件环境下,设计实现特定数据处理目标的软件系统的过程。

(2) Application。

【参考答案】 Application(应用程序)是在 DBMS 的基础上,由用户根据应用的实际需要所开发的、处理特定业务的程序。

(3) DBA。

【参考答案】 DBA(数据库管理员)是一个负责管理和维护数据库服务器的人。数据库管理员负责全面管理和控制数据库系统,安装和升级数据库服务器(如 Oracle、Microsoft SQL Server),以及应用程序工具。数据库管理员要为数据库设计系统存储方案,并制订未来的存储需求计划。

(4) DBAS。

【参考答案】 DBAS(数据库应用系统)是在数据库管理系统(DBMS)支持下建立的计算机应用系统。

(5) DBUser。

【参考答案】 DBUser(数据库用户)是指管理、开发、使用数据库系统的所有人员,通常包括数据库管理员、应用程序员和终端用户。

四、单项选择题

(1) 数据库系统的核心是 【B】

A. 数据模型　　　　B. 数据库管理系统　　　C. 数据库　　　　　D. 数据库管理员

(2) 在计算机中,简写 DBA 表示的是 【C】

A. 数据库　　　　　B. 数据库系统　　　　　C. 数据库管理员　　D. 数据库管理系统

(3) 在计算机中,简写 MIS 表示的是 【C】

A. 数据库　　　　　B. 数据库系统　　　　　C. 管理信息系统　　D. 数据库管理系统

(4) 在计算机中,简写 DB 表示的是 【A】

A. 数据库　　　　　B. 数据库系统　　　　　C. 数据库管理员　　D. 数据库管理系统

(5) 在计算机中,简写 DBMS 表示的是 【D】

A. 数据库　　　　　B. 数据库系统　　　　　C. 数据库管理员　　D. 数据库管理系统

(6) 拥有对数据库最高的处理权限的是 【D】

A. 数据模型　　　　B. 数据库管理系统　　　C. 数据库　　　　　D. 数据库管理员

1.4　课外习题及解答

一、单项选择题

(1) 目前最重要和使用最普遍的信息处理工具是 【C】

A. Internet　　　　B. Intranet　　　　　　C. 计算机　　　　　D. 硬盘

(2) 以下为目前最重要和使用最普遍的信息处理工具的是 【D】

A. Word　　　　　B. Excel　　　　　　　C. PowerPoint　　　D. 计算机

(3) Microsoft Office 组件中属于 DBMS 的是 【A】

A. Access　　　　　B. Excel　　　　　　　C. PowerBuilder　　D. DB2

(4) 以下不属于常用的 DBMS 的是 【C】

A. Oracle　　　　　B. DM　　　　　　　　C. CRM　　　　　　D. MySQL

(5) 定义"信息是事物不确定性的减少"的是 【B】

A. 诺伯特·维纳　　B. 香农　　　　　　　C. 冯·诺依曼　　　D. 富兰克尔

(6) 数据库中最重要的资源是 【D】

A. 信息　　　　　　B. 记录　　　　　　　C. 硬件　　　　　　D. 数据

二、多项选择题

(1) 信息的属性有　【ABCD】

A. 可共享性　　　　B. 易存储性　　　　C. 可压缩性　　　　D. 易传播性

(2) 用户需求主要包括　【AD】

A. 信息需求　　　　B. 逻辑需求　　　　C. 物理需求　　　　D. 功能需求

(3) 下列属于数据模型的是　【ABC】

A. 层次模型　　　　B. 网状模型　　　　C. 关系模型　　　　D. 数字模型

(4) 完整的数据模型包括　【BCD】

A. 数据备份　　　　B. 数据约束　　　　C. 数据操作　　　　D. 数据结构

三、名词解释

(1) 数据处理。

【参考答案】　数据处理就是指对数据的收集、整理、组织、存储、维护、加工、查询、传输的过程。

(2) 实体码。

【参考答案】　用来唯一确定或区分实体集中每一个实体的属性或属性组合称为实体标识符或实体码。

(3) 数据库设计。

【参考答案】　数据库设计是指对于给定的应用环境,设计构造最优的数据库结构,建立数据库及其应用系统,使之能有效地存储数据,对数据进行操作和管理,以满足用户各种需求的过程。

(4) 物理设计。

【参考答案】　物理设计是将逻辑设计的数据模型结合特定的 DBMS 设计出能在计算机上实现的数据库模式。

四、问答题

(1) 数据管理员(DBA)的主要工作有哪些?

【参考答案】　DBA 的主要工作包括安装、升级数据库服务器,监控数据库服务器的工作并优化,正确配置使用存储设备,备份和恢复数据,管理数据库用户和安全维护,与数据库应用开发人员协调,转移和复制数据,建立数据仓库等。

(2) 数据库系统是什么?

【参考答案】　数据库系统是指在计算机中引入数据库后的系统构成,由计算机软硬件、数据库、DBMS、应用程序以及数据库管理员和数据库用户构成。

(3) 什么是数据共享,它有哪些优点?

【参考答案】　所谓数据共享是指不同应用程序使用同一个数据库中的数据时不需要各自定义和存储数据。数据库中的数据是面向应用系统内所有用户需求、面向整个组织的,是完备的。针对特定功能的应用程序中使用的数据从数据库中抽取。所以,数据库中的数据在不同应用程序中无须重复保存,这样使数据冗余度减到最低,也增强了数据库中数据的一致性。

（4）DBMS 具有哪些主要功能？

【参考答案】

① 数据库定义功能；

② 数据库操纵功能；

③ 支持程序设计语言；

④ 数据库运行控制功能；

⑤ 数据库维护功能。

第2章　数据库系统

2.1　学 习 指 导

第 2 章是第 1 章内容的继续和扩充。

本章展开介绍在第 1 章中提到的数据库系统的概念及其基本理论。本章的重点是数据库系统中,特别是下一章即第 3 章中要用到的实体、实体联系、实体模型及数据模型等基本理论。另外,还介绍了数据库系统的工作模式和应用领域、数据库系统开发方法、数据库设计方法等基本概念和知识。

(一)学习目的

在计算机信息处理系统中,数据库系统为各种应用提供支持和服务,是当代信息处理的主要技术之一。开发与建设数据库系统,一直是 IT 研发的重要任务。而数据库在数据库系统中处于核心的位置,所以数据库的设计是开发与建设数据库系统的核心内容。

(二)学习要求

本章紧接第 1 章数据库基础知识,介绍数据库系统的基本知识,为后面关系数据库基本理论的学习和数据库管理系统的应用打下基础。本章首先介绍建立数据库系统所需的环境,然后从理论上介绍数据库系统设计技术的预备知识。本章所介绍的数据库系统理论,是数据库原理的基本知识。

2.2　阅　　读

(一)数据库模式

数据库模式主要分为物理结构和逻辑结构两个方面。

数据库系统的三级模式提供了两个映像功能:一个是在物理结构与逻辑结构之间的映像(转换)功能;另一个是在逻辑结构与用户结构之间的映像(转换)功能。第一种映像使得数据库物理结构改变时逻辑结构不变,因而相应的程序也不变,这就是数据库的物理独立性;第二种映像使得逻辑结构改变时,用户结构不变,应用程序也不用改变,这就是数据和程序的逻辑独立性。

(二)数据模型的基本概念

1. 模型的概念

数据库中的数据模型是抽象地表示和处理现实世界中数据的工具。

模型应当满足以下要求:一是真实反映现实世界;二是容易被人理解;三是便于在计算机上实现等。

以人的观点模拟现实世界的模型叫作概念模型,以计算机系统的观点模拟现实世界的模型叫作数据模型。

2. 概念模型

概念模型按用户的观点对现实世界建模。

(1) 基本术语有以下几个。

实体:客观存在,并且可以相互区别的事物。

属性:实体具有的每一个特性都称为一个属性。

码:在众多属性中能够唯一标识实体的属性或属性组。

域:属性的取值范围称为该属性的域。

实体型:用实体名及描述它的各属性名,可以刻画出全部同质实体的共同特征和性质,它被称为实体型。

实体集:某个实体型下的全部实体。

联系:分为实体内部联系和实体外部联系。

(2) 实体型之间的联系:

一对一联系,记做 $1:1$;

一对多联系,记做 $1:n$;

多对多联系,记做 $m:n$。

(3) 实体集内部的联系也是 $1:1$、$1:n$ 和 $m:n$。

3. 数据模型

数据模型分为逻辑数据模型和物理数据模型两类。

逻辑数据模型是用户通过数据库管理系统看到的现实世界,它描述了数据库数据的整体结构。逻辑数据模型通常由数据结构、数据操作和数据完整性约束三部分组成。

数据结构是对系统静态特性的描述,它是数据模型中最重要的部分,所以一般以数据结构的类型来命名数据模型,如层次模型、网状模型、关系模型、面向对象模型等。

物理数据模型是用来描述数据的物理存储结构和存储方法的。它不但受数据库管理系统控制,而且与计算机存储器、操作系统密切相关。

(三) 数据模型分类

(1) 层次模型 (hierarchical model):实体之间按层次关系来定义。

层次模型以每个实体为节点,上层节点叫父节点,下层节点叫作子节点。

特征如下:

① 仅有一个无双亲的根节点;

② 根节点以外的子节点,向上仅有一个父节点,向下有若干个子节点。

(2) 网状模型(network model)。

特点:

① 有一个以上的节点无双亲;

② 至少有一个节点有多个双亲。

(3) 关系模型 (relational model)。

关系模型以人们经常使用的表格形式作为基本的存储结构,通过相同关键字段来实现表格间的数据联系。

(4) 面向对象模型 (object-oriented model)。

(四) 数据库设计方法

数据库在数据库系统中处于核心的位置。设计符合用户需求、性能有差异的数据库,成为开发数据库系统的重要组成部分。

数据库设计是指对于给定的应用环境,设计构造最优的数据库结构,建立数据库及其应用系统,使之能有效地存储数据,对数据进行操作和管理,以满足用户各种需求的过程。

1. 数据库设计的目标和要求

数据库设计的目标:建立一个适合的数据模型。

数据库设计的要求如下。

① 满足用户要求:既能合理地组织用户需要的所有数据,又能支持用户对数据库的所有处理功能。

② 满足某个数据库管理系统的要求:能够在数据库管理系统(如 Visual FoxPro)中实现。

③ 具有较高的范式:数据完整性好、效益高,便于理解和维护,没有数据冲突。

2. 设计步骤

数据库设计普遍采用结构化设计方法。

结构化设计方法将开发过程看成一个生命周期,因此也称为生命周期方法。其核心思想是将开发过程分为若干个步骤,主要包括系统需求的调查与分析、概念设计、逻辑设计、物理设计、实施与测试、运行维护等。

 ## 2.3 习题 2 解答

一、名词解释

(1) 模式。

【参考答案】 模式又称为概念模式,它是对数据库的整体逻辑描述,并不涉及物理存储,因此被称为 DBA 视图或全局视图,即 DBA 看到的数据库全貌。

(2) 内模式。

【参考答案】 内模式又称存储模式,它是数据库真正在存储设备上存放结构的描述,包括所有数据文件和联系方法,以及对于数据存取方式的规定。

(3) 外模式。

【参考答案】 外模式又称子模式,它是某个应用程序中使用的数据集合的描述,一般是模式的一个子集。外模式面向应用程序,是用户眼中的数据库,也称用户视图。

(4) 信息世界。

【参考答案】 信息世界就是现实世界在人们头脑中的反映,又称观念世界。

(5) 实体码。

【参考答案】 用来唯一确定或区分实体集中每一个实体的属性或属性组合称为实体码。

(6) 属性型。

【参考答案】 属性型就是属性名及其取值类型。

（7）属性值。

【参考答案】　属性值就是属性在其值域中所取的具体值。

（8）多元联系。

【参考答案】　联系同时在 3 个或更多实体集之间发生,称为多元联系。

（9）实体模型。

【参考答案】　实体模型就是概念模型,它是反映实体之间联系的模型。

（10）数据模型。

【参考答案】　数据模型是对客观世界的事物以及事物之间联系的形式化描述。

二、简答题

（1）简述数据处理的三个层次。

【参考答案】

① 现实世界:就是存在于人脑之外的客观世界,客观事物及其相互联系就处于现实世界中。客观事物可以用对象和性质来描述。

② 信息世界:就是现实世界在人们头脑中的反映,又称为观念世界。客观事物在信息世界中称为实体,反映事物间联系的是实体模型或概念模型。现实世界是物质的,相对而言信息世界是抽象的。

③ 数据世界:就是信息世界中的信息数据化后对应的产物。现实世界中的客观事物及其联系,在数据世界中以数据模型描述。相对于信息世界,数据世界是量化的、物化的。

（2）简述模式、内模式和外模式三者之间的关系。

【参考答案】　模式是内模式的逻辑表示;内模式是模式的物理实现;外模式是模式的部分抽取。这 3 个模式反映了数据库的 3 种观点:模式表示概念级数据库,体现了数据库的总体观;内模式表示物理级数据库,体现了对数据库的存储观;外模式表示用户级数据库,体现了对数据库的用户观。

（3）简述数据模型的含义和作用。

【参考答案】　数据模型(data model)是指数据库中数据与数据之间的关系。

数据模型是数据库系统中的一个关键概念,数据模型不同,相应的数据库系统就完全不同,任何一个数据库管理系统都是基于某种数据模型的。

（4）数据库中采用三级模式、二级映射的好处有哪些?

【参考答案】

① 方便用户;

② 实现了数据共享;

③ 有利于实现数据独立性;

④ 有利于数据的安全与控制。

（5）关系模型存在的主要不足有哪些方面?

【参考答案】

① 基本数据类型不能满足需要;

② 数据结构简单;

③ 数据和行为分离;

④ 一致约束不完全；

⑤ 事务并发控制机制简单。

(6) 网状模型的基本特点有哪些？

【参考答案】

① 一个以上结点无父结点；

② 至少有一个结点有多于一个的父结点。

(7) 层次模型的基本特点有哪些？

【参考答案】

① 有且仅有一个结点无父结点，称其为根结点；

② 其他结点有且只有一个父结点。

(8) 与层次模型和网状模型相比，关系模型有哪些特点？

【参考答案】

与层次模型和网状模型相比，关系模型具有数据结构单一、理论严密、使用方便、易学易用的特点。

(9) 什么叫文件服务器模式？

【参考答案】

所谓文件服务器模式，就是在网络中数据库或文件系统以文件形式保存在提供数据服务的服务器上。当用户需要数据时，通过网络向服务器发送数据请求，服务器将整个数据文件传送给用户，再由用户在客户端对数据进行处理。这种方式就是数据在服务器上，处理工作在工作站上完成。

(10) 文件服务器模式有哪些优点？

【参考答案】

文件服务器模式管理简单、容易实现，扩充了计算机的功能，并使得计算机用户能够共享公共数据。

(11) 文件服务器模式的主要缺点是什么？

【参考答案】

文件服务器的主要缺点是将整个数据库文件传送给用户，导致大量对用户无用数据的传送，大大增加了网络流量，增加了客户端的工作；同时，对于数据的安全也存在很大的隐患。

(12) 用户的信息需求指什么？

【参考答案】

用户的信息需求指用户需要信息系统处理和获得的信息的内容与特性。用户获得的信息有赖于系统所存储、管理的数据。

三、单项选择题

(1) 实体所具有的特性称为 【A】

A. 属性   B. 单元   C. 元组   D. 集合

(2) 存在于人脑之外的客观世界是 【C】

A. 信息世界   B. 数据世界   C. 现实世界   D. 观念世界

(3) 信息世界又称 【D】

    A. 客观世界   B. 数据世界   C. 现实世界   D. 观念世界

(4) 信息世界中的信息数据化后对应的产物是 【B】

    A. 客观世界   B. 数据世界   C. 现实世界   D. 观念世界

(5) 乘客集与飞机机票集的持有联系属于 【A】

    A. 一对一联系   B. 一对多联系   C. 多对一联系   D. 多对多联系

(6) 教师与学生的师生联系属于 【D】

    A. 一对一联系   B. 一对多联系   C. 多对一联系   D. 多对多联系

(7) 学生与课程的选修联系属于 【D】

    A. 一对一联系   B. 一对多联系   C. 多对一联系   D. 多对多联系

(8) 以下不属于实体集之间的联系方式的是 【A】

    A. 有与无联系   B. 一对一联系   C. 一对多联系   D. 多对多联系

(9) 若一个联系发生在两个实体集之间, 称为 【B】

    A. 一元联系   B. 二元联系   C. 三元联系   D. 多元联系

(10) 若联系发生在一个实体集内部, 称为 【A】

    A. 递归联系   B. 二元联系   C. 三元联系   D. 多元联系

四、填空题

(1) 我们提到的客观事物, 在信息世界中称为实体。

(2) 属性的取值范围称为域或值域。

(3) 在三级模式中, 只有内模式真正描述数据存储。

(4) 在数据库中, 三级模式、二级映射的功能由 DBMS 在操作系统的支持下实现。

(5) 实体集是性质相同的同类实体的集合。

(6) 树形结构只能表示一对多的联系。

(7) B/S 模式是基于 Web 技术的网络信息系统模式, 是三层 C/S 结构的一种特殊模式形式。

(8) 从数据库的用途来看, 目前数据处理大致可以分为两大类, 即联机事务处理和联机分析处理。

(9) 用户的信息处理需求一般可分为功能需求和信息需求两大类。

(10) 面向对象方法是基于人们认识客观世界思想的基本方法。

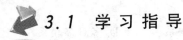

第3章 关系数据模型基本理论

3.1 学习指导

第3章是第2章内容的继续。

本章展开介绍在第2章关于数据模型内容中提到的关系模型和关系数据库系统的基本理论。本章的重点是关系模型、关系数据库系统和关系数据库的建立。本章还介绍关系数据库的完整性和关系规范化理论。本章所介绍的"武汉学院教材管理系统"数据库的基本状况是贯穿全书的用例。

(一)学习目的

在数据库领域中,应用最广泛的基础理论是关系数据理论,我们常用的数据库管理系统基本上都是关系型的。关系数据理论的核心是关系数据模型。本章就介绍关系数据库理论基础,为后面关系数据库系统的应用,具体地说,就是为 Access 的应用,打下必要的、坚实的基础。

(二)学习要求

本章的核心内容是关系数据库基本理论,包括关系、关系模型、关系数据库、关系数据库的完整性以及关系规范化理论。所述关系数据库的建立设计方法、关系数据库的完整性和关系规范化等,都是关系数据库系统的重要内容,读者通过本章的学习,对关系数据库理论及应用的主要环节及内容有一个系统、整体的了解,以利于大家的后续学习。

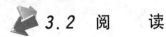

3.2 阅 读

(一)关系模型

关系模型建立在集合论和谓词演算公式的基础上。它逻辑结构简单,数据独立性强,存取具有对称性,操作灵活。

数据库中的数据结构如果依照关系模型定义,就是关系数据库系统。关系数据库系统由许多不同的关系构成,其中一个关系就是一个实体,可以用一个二维表表示。

关系二维表中的术语:

关系(relation);

属性(attribute);

元组(topple);

框架(framework);

分量;

域(domain);

候选码(candidate key);

主码(primary key);

主属性(primary attribute);

非主属性(non-key attribute);

关系模式;

关系规范化。

(二)关系运算

关系数据模型的理论基础是集合论,每个关系就是一个笛卡儿积的子集。在关系数据库系统中的各种处理都是以传统集合运算和专门的关系运算为依据的。

传统集合运算:并、交、差三种。

(1)并(union)运算的结果是两个关系中所有元组的集合,如图 3-1 所示。

并即合并,把两张表合并成一张表。

(2)交(intersection)运算的结果是两个关系中所有重复元组的集合,如图 3-2 所示。

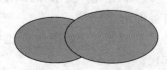

图 3-1　并运算示意图

比如两张不同班级的课表中,共同的课程组成的一张课表,就是这两张不同班级的课表的交运算的结果。

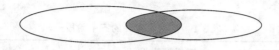

图 3-2　交运算示意图

(3)差(difference)运算的结果是两个关系中除去重复的元组后,第一个关系中的所有元组,如图 3-3 所示。

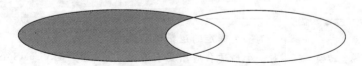

图 3-3　差运算示意图

比如两张不同班级的课表中,去掉共同的课程后第一个班级剩下的课程组成的一张课表,就是这两张不同班级的课表的差运算的结果。

(三)关系操作

关系操作包括选择、投影和联接。

(1)选择(筛选)运算是对关系表中元组(行)的操作,操作结果是找出满足条件的元组。

对表中的行,按条件进行选取。

(2)投影运算是对关系表中属性(列)的操作,操作结果是找出关系中指定属性全部值的子集。

对表中的列,按条件进行选取。

(3)联接运算是对两个关系的运算,操作结果是找出满足联接条件的所有元组,并且联接成一个新的关系。

对两表选取符合联接条件的元组。例如在两张不同班级的课表中,联接条件为"周一"的所有课程的集合。

（四）数据库设计

目前,几乎所有的计算机应用系统都使用数据库技术来组织数据的存储和应用,所以这里介绍数据库设计。

1. 数据库设计的目标和要求

数据库设计的目标:建立一个适合的数据模型。

数据库设计的要求如下。

① 满足用户要求:既能合理地组织用户需要的所有数据,又能支持用户对数据库的所有处理功能。

② 满足某个数据库管理系统的要求:能够在数据库管理系统(如 Visual FoxPro)中实现。

③ 具有较好的范式:数据完整性好、效益高,便于理解和维护,没有数据冲突。

2. 设计步骤

数据库设计分为三个阶段：概念结构设计、逻辑结构设计、物理结构设计,如表 3-1 所示。

表 3-1　数据库设计的三个阶段

概念结构设计	逻辑结构设计	物理结构设计
从概念上把对象表示出来,如实体、属性、联系等,主要是画 E-R 图	把实体转换为关系,即描述库结构	在具体数据库系统上实现
根据概念数据模型转换	为一个确定的逻辑模型选择一个最适合应用要求的物理结构	这里选定 Visual FoxPro 6.0
建立系统概念模型,与数据库的具体实现技术无关	具体数据库系统能接受的逻辑数据模型,如层次、网状、关系模型等	为一个确定的逻辑数据模型选择一个最适合应用要求的物理结构的过程

数据库设计过程如图 3-4 所示。

概念结构设计阶段：

概念数据模型是按人们的认识观点从现实世界中抽象出来的、属于信息世界的模型。

概念数据模型是面向问题的模型,反映了用户的现实工作环境,是与数据库的具体实现技术无关的。

逻辑结构设计阶段：

逻辑结构设计阶段就是要根据已经建立的概念数据模型,以及所采用的某个数据库管理系统软件的数据库模型特征,按照一定的转换规则,把概念模型转换为这个数据库管理系统所能够接受的逻辑数据模型。

物理结构设计阶段：

这是数据库设计的最后阶段。

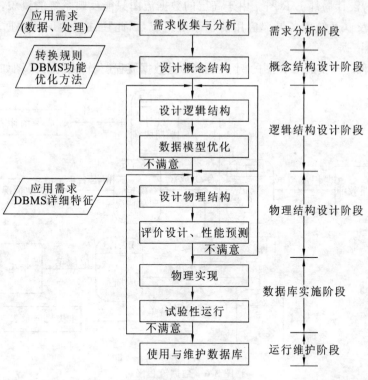

图 3-4　数据库设计过程

　　为一个确定逻辑数据模型选择一个最适合应用要求的物理结构的过程,就叫作数据库的物理结构设计。

3. 概念结构设计

①　建立概念数据模型。

主要工具是 E-R 图,也叫实体-联系图(entity-relationship diagram)。

E-R 图主要由实体、属性和联系三个要素构成。

图例即图形符号,有 4 个,见图 3-5。

②　确定系统实体、属性及联系。

③　确定局部(分)E-R 图。

④　集成完整(总)E-R 图。

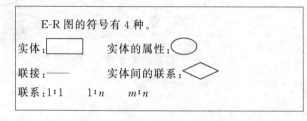

图3-5　E-R 图所用的符号/图例

4. 设计局部 E-R 图

　　设计局部 E-R 图,就是要根据系统的具体情况,在多层的数据流图(也称为数据流程图)中选择一个适当层次的数据流图,让这组图中的每一部分对应一个局部应用,从这一层次的数据流图出发,设计局部 E-R 图。由于高层的数据流图只能反映系统的概貌,而中层的数据流图能较好地反映系统中各局部应用的子系统组成,因此往往以中层的数据流图作为设计局部 E-R 图的依据。

由数据流程图转换成 E-R 图的例子:图 3-6 是数据流程图,转换的 E-R 图如图 3-7 所示。

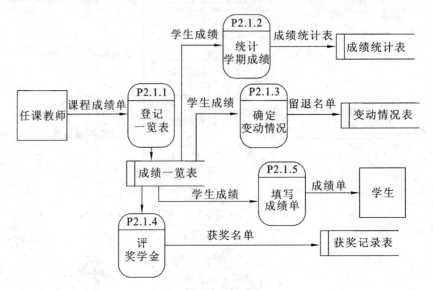

图 3-6　数据流程图

将"成绩分析"数据流图转换为 E-R 模型。数据流图分为两部分,一部分是成绩登记,一部分是成绩分析。

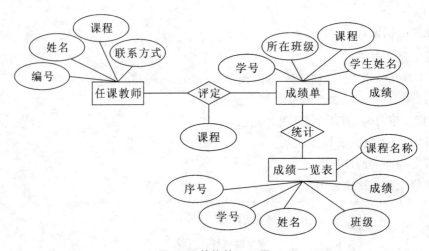

图 3-7　转换的 E-R 图

5. E-R 图的集成

① 合并局部 E-R 图。

可能存在的三类冲突是:属性冲突、命名冲突和结构冲突。

② 修改与重构,生成基本 E-R 图。

6. 逻辑结构设计

用 E-R 图表示的概念结构是独立于任何数据库模型的信息。

逻辑结构设计就是把 E-R 图按选定的系统软件支持的数据模型（层次、网状、关系）转换成相应的逻辑模型。我们使用的是关系模型，所以转换为关系。

转换原则：

① 一个实体转换为一个关系，实体的属性就是关系的属性，实体的码就是关系的码。

② 一个联系转换为一个关系，联系的属性及联系所联接的实体的码都转换为关系的属性，但是关系的码会根据联系的类型变化，如果是：

1∶1 联系，两端实体的码都成为关系的候选码。

1∶n 联系，n 端实体的码成为关系的码。

$m∶n$ 联系，两端实体的码组合成为关系的码。

③ 具有相同码的关系可以合并。

关系模型的优化是采用规范化理论实现的。将概念模型转换为全局逻辑模型以后，还应当根据用户的局部需要，结合所使用的数据库管理系统软件的特点，设计用户的局部逻辑模式。

【例1】 数据库的逻辑设计——将 E-R 图转换为关系模型。

学生管理系统的数据库 E-R 图如图 3-8 所示。根据 E-R 图的内容，完成此系统的数据库逻辑设计。

班级（<u>班级号</u>,班级名）

学生（<u>学号</u>,姓名,性别,年龄,班级号）

课程（<u>课程号</u>,课程名）

选课（<u>学号</u>,<u>课程号</u>,学期,成绩）

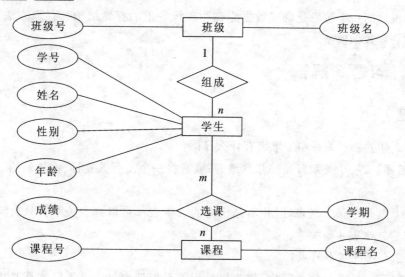

图 3-8 学生管理系统的 E-R 图

【例2】 数据库的逻辑设计——将 E-R 图转换为关系模型。

一个职工参加项目的管理系统的数据库 E-R 图如图 3-9 所示。根据 E-R 图的内容，完成此系统的数据库逻辑设计。

写出关系数据库的逻辑结构，主码用下划线标记。

职工（<u>编号</u>,姓名,性别,职称,单位编号）

项目（<u>项目号</u>,项目名,项目来源,项目经费）

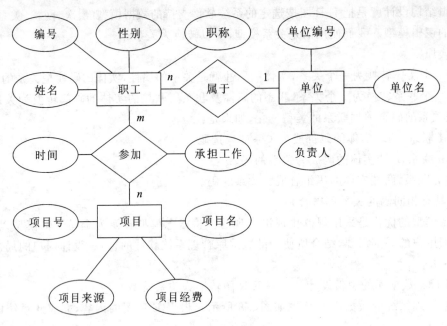

图 3-9 一个职工参加项目的 E-R 图

参加(编号,项目号,时间,承担工作)

单位(单位编号,单位名,负责人)

7. 数据库的物理实现

数据库设计的一个阶段是确定数据库在物理设备上的存储结构和存取方法,也就是设计数据库的物理数据模型。

3.3 习题 3 解答

一、简答题

(1) 什么是关系?关系和二维表有什么异同?

【参考答案】 一个关系就是一张二维表,通常将一个没有重复行、重复列的二维表看成一个关系。

一个关系就是一张二维表,但并不是任何的二维表都可以称为关系。只有满足关系所具有的特点的二维表才是关系。

(2) 关系有哪些基本特点?

【参考答案】 关系必须规范化,规范化是指关系模型中每个关系模式都必须满足一定的要求,最基本的要求是关系必须是一张二维表,每个属性值必须是不可分割的最小数据单元,即表中不能再包含表;

在同一关系中不允许出现相同的属性名;

关系中的每一列属性都是原子属性,即属性不可再分割;

关系中的每一列属性都是同质的,即每一个元组的该属性取值都表示同类信息;

关系中的属性间没有先后顺序;

在同一关系中元组及属性的顺序可以任意,关系中元组没有先后顺序;

关系中不能有相同的元组(有些 DBMS 对此不加限制,但如果关系指定了主键,则每个元组的主键值不允许重复,从而保证了关系的元组不相同);

任意交换两个元组(或属性)的位置,不会改变关系模式。

(3) 什么是关系模式?

【参考答案】 一个关系是由元组值组成的集合,而元组是由属性构成的。属性结构确定了一个关系的元组结构,也就是关系的框架。关系框架看上去就是表的表头。如果一个关系框架确定了,则这个关系就被确定下来了。虽然关系的元组值经常根据实际情况在变化,但其属性结构却是固定的。关系框架反映了关系的结构特征,称为关系模式或关系模型。

(4) 概念设计、逻辑设计、物理设计各有何特点?

【参考答案】

概念上:概念设计即建立概念模型,从概念上把对象表示出来,如实体、属性、联系等,主要是画 E-R 图;逻辑设计主要是关系模型的建立,这一步实际上是将概念模型转化为关系模型,把实体转换为关系,即描述数据库的逻辑结构;物理设计是在具体数据库系统上的实现。

方法上:概念设计用 E-R 模型即实体-联系模型来实现;逻辑设计为一个确定的逻辑模型选择一个最适合应用要求的物理结构;物理设计选定支撑的数据库管理系统,如 Access 等。

二、单项选择题

(1) D　(2) C　(3) A　(4) C　(5) B　(6) D　(7) D　(8) A　(9) C　(10) A

三、计算题

(1) 设关系 R 与 S 如表 3-2 和表 3-3 所示,写出关系运算 R∪S 的结果(结果以表格的形式给出,在右边)。

表 3-2　关系 R

A	B	C
1	1	C1
2	3	C2
2	2	C1

表 3-3　关系 S

A	B	C
2	1	C2
1	1	C1
2	3	C2
2	2	C1

R∪S

A	B	C
1	1	C1
2	3	C2
2	2	C1
2	1	C2

(2) 设关系 R 与 S 如表 3-4 和表 3-5 所示,写出关系运算 R∩S 的结果(结果以表格的形式给出,在右边)。

表 3-4　关系 R

A	B	C
1	1	C1
2	3	C2
2	2	C1

表 3-5　关系 S

A	B	C
2	1	C2
1	1	C1
2	3	C2

R∩S

A	B	C
1	1	C1
2	3	C2

(3) 设关系 R 与 S 如表 3-6 和表 3-7 所示,写出关系运算 R−S 的结果(结果以表格的形式给出,在右边)。

表 3-6 关系 R

A	B	C
1	1	C1
2	3	C2
2	2	C1

表 3-7 关系 S

A	B	C
2	1	C2
1	1	C1
2	3	C1
1	2	C2

R−S

A	B	C
2	3	C2
2	2	C1

(4) 设关系 R 与 S 如表 3-8 和表 3-9 所示,写出关系运算 R×S(笛卡儿积)的结果(结果以表格的形式给出,在右边)。

表 3-8 关系 R

A1	A2
1	1
2	3

表 3-9 关系 S

X	Y	Z
2	1	C2
1	1	C1

R×S

A1	A2	X	Y	Z
1	1	2	1	C2
1	1	1	1	C1
2	3	2	1	C2
2	3	1	1	C1

四、设计题

(1) 工厂需要采购多种材料,每种材料可由多个供应商提供。每次采购材料的单价和数量可能不同;材料的属性有材料编号(唯一)、品名和规格;供应商的属性有供应商号(唯一)、名称、地址、电话号码;采购的属性有日期、单价和数量。请:

① 根据上述语义画出 E-R 图;

② 将 E-R 模型转换成关系模型,要求标注关系的主键和外键。

【参考答案】

① E-R 图为图 3-10。

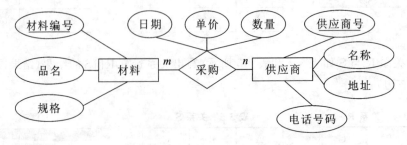

图 3-10 设计题(1)E-R 图

② 带下划线的为主键,零件号为外键。

材料(材料编号,品名,规格)

供应商(供应商号,名称,地址,电话号码)

采购(<u>材料编号</u>,<u>供应商号</u>,日期,单价,数量)

（2）某工厂生产多种产品,每种产品又要使用多种零件;一种零件可能装在各种产品上;每种零件由一种材料制造;每种材料可用于不同零件的制作。有关产品、零件、材料的数据字段如下：

产品：产品号(GNO),产品名(GNA),产品单价(GUP)

零件：零件号(PNO),零件名(PNA),单价(UP)

材料：材料号(MNO),材料名(MNA),计量单位(CU),单价(MUP)

以上各产品需要各零件数为 GQTY,各零件需用的材料数为 PQTY。

请绘制产品、零件、材料的 E-R 图。

【参考答案】 本题最后说各产品需要零件数为 GQTY,各零件需用材料数为 PQTY,即说明联接是属性。

图中最好用汉字,因为 E-R 图是给人看的。转变成关系模型时,可以用拼音或字母,因为这是为建库结构做准备的。结果见图 3-11。

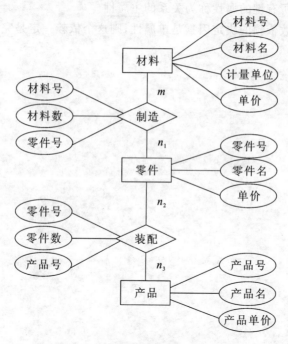

图 3-11　产品、零件、材料的 E-R 图

五、填空题

（1）关系运算　（2）数据结构、数据操作、数据约束

（3）域(domain)　（4）实体集(entity set)　（5）实体(entity)

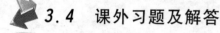

3.4　课外习题及解答

一、单项选择题

（1）关系中的一列称为关系的一个　【C】

A. 元组　　　　　B. 单元　　　　　C. 属性　　　　　D. 集合

(2) 在一个关系中,可以唯一确定每个元组的属性或属性组称为 【C】

A. 外键   B. 内键   C. 候选键   D. 索引

(3) 在 E-R 图中,用以表示实体的图形是 【A】

A. 矩形框   B. 椭圆框   C. 菱形框   D. 三角形框

(4) 如果一个关系 R(U)的所有属性都是不可分的原子属性,则 【A】

A. R∈1NF   B. R∈2NF   C. R∈3NF   D. R∈4NF

(5) 在实际应用中,关系规范化一般只要求关系分解到 【C】

A. 1NF   B. 2NF   C. 3NF   D. 4NF

二、填空题

(1) 一个元组是由相关联的属性值组成的一组数据。

(2) 一个关系是由元组值组成的集合。

(3) 关系中每一列的属性都有一个确定的取值范围,即域。

(4) 一个关系中所有键的属性称为关系的主属性。

(5) 如果一个函数依赖的决定因素是单属性,则这个依赖一定是完全函数依赖。

第4章 Access 预备知识

4.1 学习指导

本章在前面第 1、2、3 章数据库理论的基础上,简要介绍关系数据库管理系统 Access 的入门知识、Access 的发展与特点,以及 Microsoft Office Access 2010 系统的安装,介绍 Access 2010 的启动和工作界面、任务窗格、帮助等概念和操作,为后面各章深入介绍 Access 应用技术打下基础。

(一) 学习目的

通过本章的学习,必须熟悉和掌握以下 4 个方面的内容。

Access 概述:发展、特点、安装、启动与退出。

Access 数据库界面与基本操作:窗口介绍、Backstage 视图、功能区、导航窗格、其他界面。

Access 数据库基本知识与操作:数据库的创建。

Access 数据库管理:完整性管理包括数据库备份、恢复等,数据库的打开与关闭。

本章开始进行上机实验。

(二) 学习要求

了解 Access 的发展与特点,以及 Microsoft Office Access 软件的安装,熟悉 Access 启动和工作界面、功能区、导航窗格及对它们的操作。

掌握 Access 数据库窗口的知识,数据库窗口的构成、功能区及操作方法。数据库窗口是操作数据库的集成界面。掌握新建数据库、打开数据库、关闭数据库等,以及对数据库窗口功能区的操作。熟悉 Access 数据库 6 种对象,后面要分章介绍这些对象。明白这些对象都存储在一个数据库文件中。

Access 数据库是数据库对象的容器,因此,要使用数据库对象,首先应该建立数据库。通过本章学习,熟练掌握数据库的创建操作。

数据库是计算机信息处理中最核心的资源,保证数据库的完整和安全,具有极端的重要性。本章比较详细地介绍了 Access 保证数据库完整和安全的概念、操作方法。

4.2 习题 4 解答

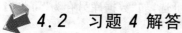

一、问答题

(1) Access 是什么套装软件中的一部分? 其主要功能是什么?

【参考答案】 Access 是微软(Microsoft)公司 Office 办公套件的重要组成部分,是目前最流行的桌面小型关系数据库管理系统。

(2) Access 的主要特点有哪些?

【参考答案】

① 强大的数据处理功能。

② 可视性好。

③ 完善地管理各种数据库对象。

④ 作为 Office 套件的一部分,与 Office 其他成员集成,实现无缝联接,并可利用 ODBC、OLEDB 等数据库访问接口,与其他软件进行数据交换。

⑤ 能够利用 Web 检索和发布数据,实现与 Internet 的联接。

(3) 如何启动 Access?

【参考答案】 按照 Windows 启动应用程序的一般方法启动 Access。以下任一方法都可启动或进入 Access 环境。

① 通过"开始"菜单的"所有程序"项。"开始"→"所有程序" →"Microsoft Office 2010"→"Microsoft Access 2010",单击。

② 通过桌面的 Access 快捷图标。如果桌面创建有 Access 快捷图标,双击桌面快捷图标。

③ 在桌面的"计算机"中找到 Access 系统所在文件夹,双击 Access 应用程序,将自动启动 Access 并进入工作环境。

④ 通过双击与 Access 关联的数据库文件(.accdb 文件)图标启动 Access 并进入 Access 程序窗口的工作界面。

(4) 如何退出 Access?

【参考答案】 Access 的启动和退出与其他 Windows 应用程序类似。以下方法都可以退出 Access:

① 单击 Access 的工作环境窗口右上角的关闭窗口按钮 ✖。

② 单击 Access 主窗口标题栏左端控制菜单 Ａ 图标,在弹出的控制菜单中选择"关闭"菜单项(单击)。

③ 选择"文件"选项卡(单击),在 Backstage 视图中选择"退出"项(单击)。

④ 按 Alt＋F4 组合键。

(5) 有哪两种 Backstage 视图? 各有什么特点?

【参考答案】

"新建"命令的 Backstage 视图:直接启动 Access 而不打开数据库,或在"文件"选项卡中选择"新建"命令项(单击),出现新建空数据库的 Backstage 视图界面。这里有些灰色命令项,表示在当前状态下不可选用。

打开已有数据库的 Backstage 视图:打开了一个数据库后,单击"文件"选项卡,进入当前数据库的 Backstage 视图。原来一些不可选的命令项变为可选,如"数据库另存为"可将当前数据库重新另外存储,"关闭数据库"用于关闭当前数据库。

(6) 简述功能区的主要特点。

【参考答案】 功能区是早期版本中的菜单和工具栏的主要替代者,提供了 Access 2010 中主要的命令界面。功能区的主要特点之一是,将早期版本的需要使用菜单、工具栏、任务窗格和其他用户界面组件才能显示的任务或入口点集中在一个地方。这样,用户只需在一个位置查找命令,而不用四处查找命令。在数据库使用过程中,功能区是用户经常使用的区域。

(7) 利用功能区"开始"选项卡下的工具,可以完成的功能主要有哪几个方面?

【参考答案】

① 选择不同的视图。

② 从剪贴板复制和粘贴。

③ 设置当前的字体格式、字体对齐方式。

④ 对备注字段应用 RTF 格式。

⑤ 操作数据记录(刷新、新建、保存、删除、汇总、拼写检查等)。

⑥ 对记录进行排序和筛选。

⑦ 查找记录。

(8) 利用功能区"创建"选项卡下的工具,可以完成的功能主要有哪几个方面?

【参考答案】

① 插入新的空白表。

② 使用表模板创建新表。

③ 在 SharePoint 网站上创建列表,在链接至新创建的列表的当前数据库中创建表。

④ 在设计视图中创建新的空白表。

⑤ 基于活动表或查询创建新窗体。

⑥ 创建新的数据透视表或图表。

⑦ 基于活动表或查询创建新报表。

⑧ 创建新的查询、宏、模块或类模块。

(9) 利用功能区"外部数据"选项卡下的工具,可以完成的功能主要有哪几个方面?

【参考答案】

① 导入或链接到外部数据。

② 导出数据。

③ 通过电子邮件收集和更新数据。

④ 使用联机 SharePoint 列表。

⑤ 将部分或全部数据库移至新的或现有的 SharePoint 网站。

(10) 利用功能区"数据库工具"选项卡下的工具,可以完成的功能主要有哪几个方面?

【参考答案】

① 启动 Visual Basic 编辑器或运行宏。

② 创建和查看表关系。

② 显示/隐藏对象相关性或属性工作表。

④ 运行数据库文档或分析性能。

⑤ 将数据移至 Microsoft SQL Server 或 Access 数据库(仅限于表)。

⑥ 运行链接表管理器。

⑦ 管理 Access 加载项。

⑧ 创建或编辑 VBA 模块。

二、填空题

(1) 当前活动　(2) 模块　(3) 功能区　(4) 数据库工具　(5) 与命令关联的键盘快捷

三、单项选择题

(1) C　(2) C　(3) C　(4) C　(5) D

四、名词解释题

（1）导航窗格。

【参考答案】 导航窗格是 Access 程序窗口左侧窗格，用以组织和在其中使用数据库对象。

（2）功能区。

【参考答案】 功能区是一个包含多组命令且横跨程序窗口顶部的带状选项卡区域，替代 Access 以前版本中存在的菜单和工具栏的主要功能。它主要由多个选项卡组成，这些选项卡上有多个按钮组。

（3）Backstage 视图。

【参考答案】 Backstage 视图是功能区"文件"选项卡上显示的命令集合。

（4）快速访问工具栏。

【参考答案】 出现在窗口顶部 Access 图标右边显示的标准工具栏。它将最常用的操作命令如"保存"和"撤销"等命令按钮显示在这里，用户可单击按钮进行快速操作。

4.3 实验题 4 解答

实验题 4-1 启动和退出 Access 2010

在机器上基于 Windows 7，启动和退出 Access 2010。

【实验步骤参考】

Access 的启动和退出与其他 Windows 程序类似，主要启动方法有如下 3 种。

（1）选择"开始|所有程序|Microsoft Office 2010|Microsoft Access 2010"命令（单击）。

（2）若桌面上有 Access 快捷图标，双击该图标。

（3）双击与 Access 关联的数据库文件。

在启动 Access 但未打开数据库，即通过第（1）、（2）种方式启动 Access 时，将进入 Backstage 视图。

在 Access 窗口中退出 Access 的主要操作方法有如下 4 种。

（1）单击窗口的"关闭"按钮 ⊠ 。

（2）单击左上角 Access 图标，在弹出的控制菜单中选择"关闭"菜单项（单击）。

（3）选择"文件"选项卡（单击），在 Backstage 视图中选择"退出"项（单击）。

（4）按"Alt+F4"组合键。

要求同学们在实验室的机器上做实验，实现 Access 2010 的启动和退出。

实验题 4-2 Access 2010 主窗口

了解和熟悉 Access 2010 主窗口。

请观察 1：Access 2010 主窗口的功能区和导航窗格。

请观察 2：功能区的作用和所包括的功能项。

请观察 3：导航窗格的应用。

请观察 4：Access 2010 主窗口的快速访问工具栏。

【实验步骤参考】

没有打开数据库的情况下启动 Access，将进入 Backstage 视图，在 Backstage 视图中创建或打开数据库,将进入 Access 2010 主窗口,也称为工作窗口或用户窗口。

已经建立 Access 数据库文件而双击与 Access 关联的数据库文件,将直接进入 Access 2010 主窗口。

在 Access 2010 主窗口,可以单击"文件"选项卡进入 Backstage 视图。

如图 4-1 所示,请在机器上练习。

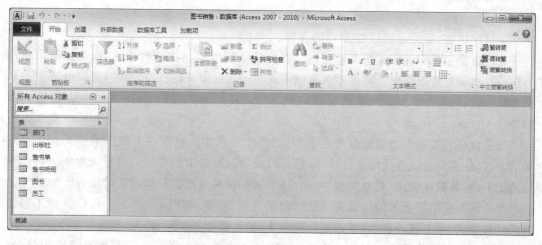

图 4-1 Access 2010 主窗口

请观察 1:

Access 2010 主窗口上部为功能区,左部为导航窗格。

Access 2010 的用户界面有重大改变。在一般 Windows 程序窗口中,典型的界面元素包括菜单栏和工具栏。在 Office 2007 中对此进行了大幅度改动,引入了功能区和导航窗格。而在 Office 2010 各软件中,不仅对功能区进行了多处更改,而且还新引入了第三个用户界面组件 Backstage 视图。

Access 2010 用户界面的三个主要组件功能如下。

(1)功能区:是一个包含多组命令且横跨程序窗口顶部的带状选项卡区域,替代 Access 以前版本中存在的菜单和工具栏的主要功能。它主要由多个选项卡组成,这些选项卡上有多个按钮组。

(2)Backstage 视图:是功能区"文件"选项卡上显示的命令集合。

(3)导航窗格:是 Access 程序窗口左侧窗格,用以组织和在其中使用数据库对象。

这三种界面元素提供了供用户创建和使用数据库的环境。

请观察 2:

横跨程序窗口顶部的带状选项卡区域即是功能区。

功能区是早期版本中的菜单和工具栏的主要替代者,提供了 Access 2010 中主要的命令界面。功能区的主要特点之一是,将早期版本的需要使用菜单、工具栏、任务窗格和其他用户界面组件才能显示的任务或入口点集中在一个地方。这样,用户只需在一个位置查找命令,而不用四处查找命令。在数据库使用过程中,功能区是用户经常使用的区域。

功能区包括:将相关常用命令分组放在一起的主选项卡、只在使用时才出现的上下文选项卡,以及快速访问工具栏(可以自定义的小工具栏,可将用户常用的命令放入其中)。

功能区主选项卡包括"文件""开始""创建""外部数据"和"数据库工具"。每个选项卡都包含多组相关命令,这些命令组展现了其他一些新的界面元素(例如样式库,它是一种新的控件类型,能够以可视方式表示选择)。

功能区提供的命令还反映了当前活动对象。某些功能区选项卡只在某些情形下出现。例如,只有在"设计"视图中已打开对象的情况下,"设计"选项卡才会出现。因此,功能区的选项卡是动态的。

在功能区选项卡上,某些按钮提供选项样式库,而其他按钮将启动命令。

请观察 3:

导航窗格在 Access 2010 主窗口的左部。

导航窗格用于组织归类数据库对象。在打开数据库或创建新数据库时,数据库对象的名称将显示在导航窗格中。数据库对象包括表、查询、窗体、报表宏和模块,是打开或更改数据库对象设计的主要入口。导航窗格取代了 Access 2007 之前 Access 版本中的数据库窗口。

导航窗格将数据库对象划分为多个类别,各个类别中又包含多个组。某些类别是预定义的,可以从多种组织选项中进行选择,还可以在导航窗格中创建用户自定义组织方案。默认情况下,新数据库使用"对象类型"类别,该类别包含对应于各种数据库对象的组。

单击导航窗格右上方的小箭头,拉出"浏览类别"菜单,如图 4-2 所示。可以选择不同的查看对象方式,如要仅查看表,就选择"表"命令,结果如图 4-3 所示。

导航窗格是操作数据库对象的入口。若要打开数据库对象或对数据库对象应用命令,在导航窗格用右键单击该对象,然后从上下文快捷菜单中选择一个菜单项。快捷菜单中的命令因对象类型而不同。

如要显示部门表,通过导航窗格,有多种操作方法。

(1) 在导航窗口选择"部门"表(双击),就在右侧窗格中显示部门表的数据。

(2) 选择"部门"表,然后按 Enter 键。

(3) 选择"部门"表(单击右键),然后在快捷菜单中单击"打开"命令项。

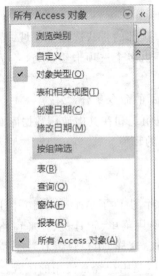

图 4-2 "浏览类别"菜单

图 4-3 浏览表对象

请观察 4:

快速访问工具栏:Access 2010 主窗口顶部 Access 图标右边显示的标准工具栏,它将最常用的操作命令如"保存"和"撤销"等命令按钮显示在这里,用户可单击这里的按钮进行快速操作。

实验题 4-3　Backstage 视图

认识两种方式的 Backstage 视图。

【实验步骤参考】

Backstage 视图是 Access 2010 中增加的新功能，是功能区"文件"选项卡上显示的命令集合，可以创建新数据库、打开现有数据库、通过 SharePoint Server 将数据库发布到 Web，以及执行很多文件和数据库维护任务。

有两种方式的 Backstage 视图。

1."新建"命令的 Backstage 视图

直接启动 Access，或在"文件"选项卡中选择"新建"命令项（单击），出现新建空数据库的 Backstage 视图界面，如图 4-4 所示。

图 4-4　Backstage 视图界面

在窗口左侧，列出了可以执行的命令项。灰色命令项在当前状态下不可选。

"打开"项用于打开已创建的数据库；其下的数据库列表是曾打开过的数据库，选择某个数据库（单击）可直接打开它。

"最近所用文件"用于列出用户最近访问过的数据库文件。

"新建"项用于建立新的数据库，右侧列出了多种模板，便于帮助用户按照模板快速建立特定类型的数据库。也可以选择"空数据库"，这样由用户一步步去建立一个全新数据库。

"帮助"项进入帮助界面，用于激活产品、获取帮助等。

"选项"用于对 Access 进行设置。

2. 打开已有数据库的 Backstage 视图

若已打开数据库，如打开了"图书销售"数据库后，单击"文件"选项卡，进入当前数据库的 Backstage 视图，如图 4-5 所示。

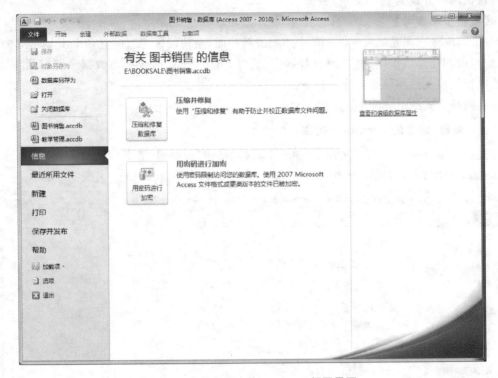

图 4-5   当前数据库的 Backstage 视图界面

原来一些不可选的命令项变为可选，如"数据库另存为"可将当前数据库重新另外存储，"关闭数据库"用于关闭当前数据库。

"信息"命令显示可对当前数据库进行"压缩并修复""用密码进行加密"的操作。

"打印"命令可实现对象打印输出操作。

"保存并发布"可进行"另存为"、保存为"模板"、通过网络实现共享等多种操作。

实验题 4-4   创建图书销售数据库

在 Access 中创建图书销售数据库的方法，一是直接创建空数据库；二是使用模板。

请用第一种方法创建空的图书销售数据库，生成相应的数据库文件图书销售.accdb 并存于 E:\图书销售管理。

【实验步骤参考】

创建数据库的基本工作是，选择好数据库文件要保存的路径，并为数据库文件命名。

首先，在 Windows 下为数据库文件的存储准备好文件夹。这里的文件路径是："E:\图书销售管理"。

然后，直接启动 Access，或在"文件"选项卡中选择"新建"命令项（单击），出现新建空数据库的 Backstage 视图界面，如图 4-6 所示。

在左侧命令窗格中选择"新建"命令（单击），接着在中间窗格中选择"空数据库"（单击）。

选择窗口右下侧的"文件名"栏右边的文件夹浏览按钮 📂（单击），打开"文件新建数据

图 4-6 启动 Access 后的 Backstage 视图界面

库"对话框,如图 4-7 所示。选择 E 盘里的"图书销售管理"文件夹,在"文件名"栏中输入"图书销售.accdb",单击"确定"按钮。

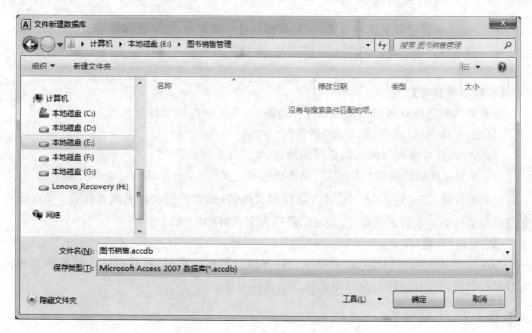

图 4-7 "文件新建数据库"对话框

返回 Backstage 视图,单击"创建"按钮,空数据库"图书销售"建立起来了,然后就可以在新建的数据库容器中建立其他数据库对象了,如图 4-8 所示。

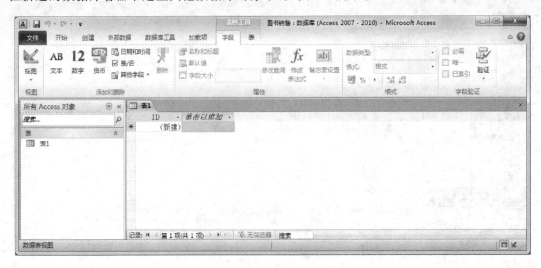

图 4-8　初始的数据库界面

实验题 4-5　创建教材管理数据库

在 Access 中,创建教材管理数据库,所创建起来的教材管理数据库请妥善保存,后面各章都要使用。

【实验步骤参考】

请参照上题(实验题 4-4)创建图书销售数据库的方法,直接创建教材管理空数据库。请保留到你的 U 盘或其他存储设备上,以便于后面第 5 章和其他各章使用。

实验题 4-6　用模板创建数据库

在 Access 中创建数据库的方法,一是直接创建空数据库;二是使用模板。

请用第二种方法创建空的学生数据库,生成相应的数据库文件学生.accdb 并存于 E:\BOOKSALE。

【实验步骤参考】

首先要注意选择好数据库文件要保存的路径,并为数据库文件命名。

(1) 进入 Backstage 视图,单击"新建"命令项。

(2) 单击"样本模板",然后浏览可用模板,如图 4-9 所示。

(3) 找到要使用的模板"学生"后,单击该模板。

(4) 在右侧的"文件名"框中,键入路径和文件名,或者使用文件夹浏览按钮 📁 查找设置路径和文件名。文件名为学生.accdb,路径为 E:\BOOKSALE。

(5) 单击"创建"按钮。

Access 将按照模板创建新的数据库并打开该数据库。这时,模板中已有的各种表和其他对象都会自动建好。用户根据需要修改数据库对象。

实验题 4-7　下载模板

从 Office.com 下载 Access 创建数据库的模板。

直接从 Office.com 下载更多的 Access 创建数据库的模板,更方便地创建数据库。

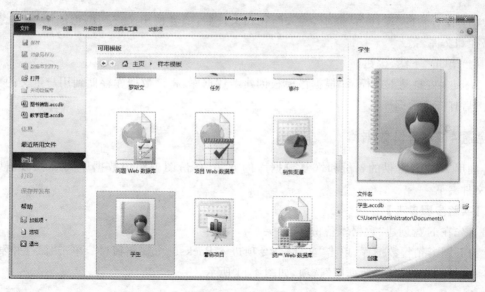

图 4-9　样本模板

【实验步骤参考】

从 Office.com 模板创建新数据库,应使计算机与 Internet 相连,其操作如下。

(1) 进入 Backstage 视图,单击"新建"命令项。

(2) 在"Office.com 模板"窗格下,单击"类别",然后当该类别中的模板出现时,单击一个模板。可以使用提供的搜索框搜索模板。如单击"项目"类别,这时将从 Office.com 上下载模板,如图 4-10 所示。

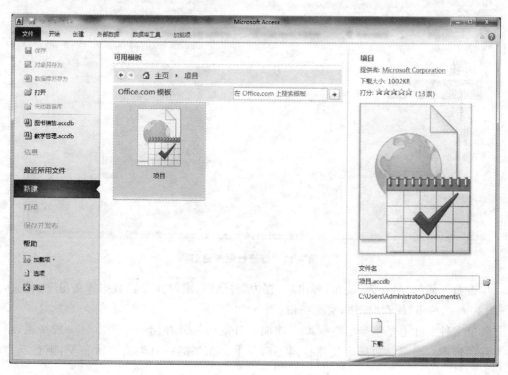

图 4-10　Office.com 模板下载

（3）在右侧的"文件名"框中，键入路径和文件名，或者使用文件夹浏览按钮 📂 查找设置路径和文件名。

（4）单击"下载"按钮。

Access 将自动下载模板，根据该模板创建新数据库，将该数据库存储到用户定义的文件中，然后打开该数据库。

实验题 4-8　备份数据库

利用 Access 提供的备份和恢复数据库的方法，备份图书销售数据库到"F:\数据库备份"文件夹下。

【实验步骤参考】

首先在 F 盘创建"数据库备份"文件夹。

打开图书销售数据库，单击"文件"命令项进入 Backstage 视图窗口。单击"保存并发布"命令项，然后选择"备份数据库"选项，如图 4-11 所示。

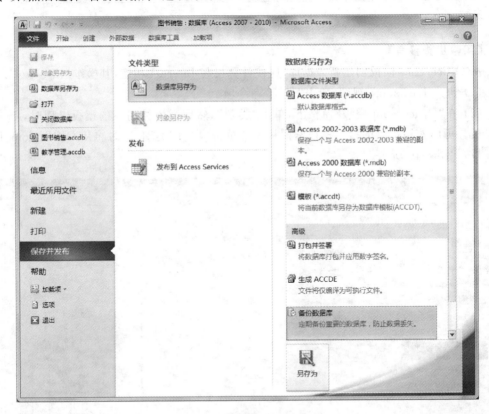

图 4-11　备份数据库窗口

单击右下侧的"另存为"按钮，弹出"另存为"对话框，定位到"F:\数据库备份"文件夹，如图 4-12 所示，单击"保存"按钮，实现备份。

备份文件实际上是将当前数据库文件加上日期后另外存储一个副本。一般来说，副本的文件位置不应与当前数据库文件在同一磁盘上。如果同一日期有多次备份，则自动命名会加上序号。

当需要使用备份的数据库文件恢复、还原数据库时，将备份副本拷贝到数据库文件夹。如果需要改名，重新命名文件即可。

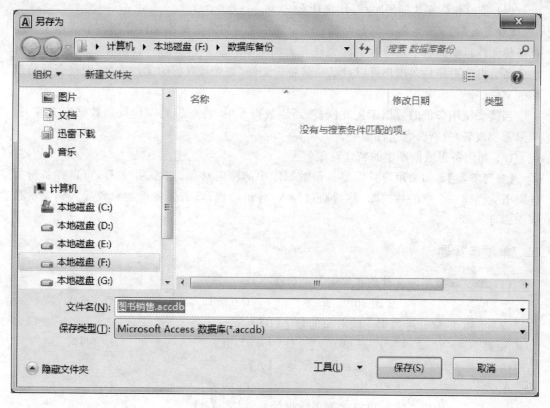

图 4-12 "另存为"对话框

4.4　课外习题及解答

一、问答题

（1）为什么要进行数据库备份？

【参考答案】　进行备份是对数据库中数据的完整性保护。备份即将数据库文件在另外一个地方保存一份副本。当数据库由于故障或人为原因被破坏后，将副本恢复即可。由于一般的事务数据库，其中的数据经常在变化，例如银行储户管理数据库，每天都有很大变化，所以，数据库备份不是一次性的，而是经常的和长期的。

（2）简述 Access 数据库备份的机制和最简单的备份方法。

【参考答案】　对于大型数据库系统，应该有很完善的备份恢复策略和机制。Access 数据库一般是中小型数据库，因此备份和恢复比较简单。

最简单的方法是利用操作系统（Windows）的文件拷贝功能。用户可以在数据库修改后，立即将数据库文件拷贝到另外一个地方存储。若当前数据库被破坏，再通过拷贝将备份文件恢复即可。

（3）简述 Access 本身提供的备份数据库的几种方法及其主要操作过程。

【参考答案】　Access 本身提供了备份和恢复数据库的方法：打开数据库，单击"文件"命令项进入 Backstage 视图窗口。单击"保存并发布"命令项，然后选择"备份数据库"选项。

单击右下侧的"另存为"按钮，弹出"另存为"对话框，定位到要备份到的路径后单击"保存"按钮，实现备份。

（4）备份和恢复数据库时，要注意什么？

【参考答案】 一般备份到的路径这个位置不应与当前数据库文件在同一个磁盘上。注意备份文件自动命名中在原数据库文件名上加上了日期。如果同一日期有多次备份，则自动命名会再加上序号。用户可以自己命名备份文件，如果与以前的文件重名，则将会覆盖以前的文件。

当需要使用备份的数据库文件恢复、还原数据库时，将备份副本拷贝到数据库文件夹。如果需要改名，重新命名文件即可。

（5）如何备份数据库中的特定对象？

【参考答案】 如果用户只需要备份数据库中的特定对象，如表、报表等，可以在备份文件夹下先创建一个空的数据库，然后通过导入/导出功能，将需要备份的对象导入到备份数据库即可。

二、单项选择题

（1）Access 数据库文件的扩展名是 【D】

A. db   B. dbf   C. mdb   D. accdb

（2）不属于 Access 数据库的对象的是 【B】

A. 表   B. 表单   C. 报表   D. 窗体

（3）数据库中最基本和最重要的对象是 【A】

A. 表   B. 宏   C. 报表   D. 页

（4）Access 中以一定输出格式表现数据的对象是 【B】

A. 窗体   B. 报表   C. 表单   D. 宏

第5章 表 对 象

5.1 学习指导

上一章(第 4 章)我们曾介绍,Access 数据库由 6 个对象组成。这 6 个对象是:表、查询、窗体、报表、宏、模块。这 6 个对象都保存在数据库文件.accdb 中。

(一)学习目的

从本章开始的以下各章,我们逐一介绍 Access 数据库的 6 个对象的意义和用法。

数据库是长期存储的相关联的数据的集合。而数据库中组织数据存储与表达数据的对象是表(table),因此,建立数据库首先要建立数据库中的表。表对象是数据库中最基本和最重要的对象,是其他对象的基础。

我们首先介绍数据库中 6 个对象里最基本和最重要的对象——表对象,表对象是其他对象的基础。因为数据库中的所有数据,都是以表为单位进行组织管理的,所以数据库实质上是由若干个相关联的表组成的。表是查询、窗体、报表、宏、模块等对象的数据源,其他对象都是围绕着表对象来实现相应的数据处理功能的,因此,表是 Access 数据库的核心和基础,我们必须首先学习和掌握它。

Access 是基于关系数据模型的,表就对应于关系模型中的关系。

一个数据库内可有若干个表,每个表都有唯一的表名。表是满足一定要求的由行和列组成的规范的二维表,表中的行称为记录(record),列称为字段(field)。

表中所有的记录都具有相同的字段结构。一般来说,表的每个记录不重复。为此,表中要指定用于记录的标识,称为表的主键(primary key)。主键是一个字段或者多个字段的组合。一个表的主键取值是绝不重复的,如图书表的主键是"图书编号"。

表中的每列字段都有一个字段名,在一个表内字段名不能相同,在不同表内可以重名。字段只能在事先规定的取值集合内取值,同一列字段的取值集合必须是相同的。在 Access 中用来表示字段取值集合的基本概念是数据类型。此外,字段的取值还必须符合用户对于每个字段的值的实际约束规定。

一个数据库中多个表之间通常相互关联。一个表的主键在另外一个表中,作为将两个表关联起来的字段,称为外键(foreign key)。外键与主键之间,必须满足参照完整性的要求。如图书表中,"出版社编号"就是外键,对应出版社表的主键。

(二)学习要求

第一,表的物理设计是创建数据库及表的前提,本章完整介绍了本书所用案例"武汉学院教材管理系统"的表结构设计。

第二,表的创建有多种方法,本章重点介绍了"设计视图"创建表的方法,完整分析了字段属性的含义与应用、查阅选项的作用及应用;另外,简要介绍了数据表视图、表和字段模板、导入或链接表等方法创建表的过程。

第三,表之间的关系是关系型数据库的重要组成部分。本章全面介绍了关系定义方法及不同设置对操作数据的影响。

表及关系的创建过程,其实质就是定义各种数据约束的过程,通过数据类型、默认值、是否必须输入、主键、不重复索引、主键即外键引用联系、有效性规则等多种方法,规定了数据的域完整性、实体完整性、参照完整性及用户定义完整性约束规则的建立。

通过本章的学习,我们要掌握 Access 表的知识,与表有关的处理操作包括:

① 表的结构及数据类型。

② 表的创建及创建方法,字段及字段说明、字段属性。

③ 索引,表之间的关系。

④ 记录操作,输入数据记录、修改、删除、查找与替换,排序与筛选。

表创建中的重点知识是"表设计"视图的方法,表中字段及字段属性的含义与应用,还有表向导、数据表视图、导入表、链接表等方法创建表的过程,以及关系的概念与应用。

要注意数据库数据完整性的实施方法。对于建立后的表,以"数据表"视图为核心,对表的数据记录的输入和维护、表结构的修改以及对表中数据的其他各种操作,都要进行实验。

 ## 5.2 习题 5 解答

一、问答题

(1) 简述 Access 数据库中表的基本结构。

【参考答案】

① 表名。一个数据库内可有若干个表,每个表都有唯一的名字,即表名,如出版社、教材等。

② 数据类型、记录和字段。Access 的表是满足一定要求的由行和列组成的二维表,表中的行称为记录,列称为字段。表中所有的记录都具有相同的字段结构,表中的每一列字段都具有唯一的取值集合,也就是数据类型。

③ 主键。一般来说,表的每个记录都是独一无二的,也就是说,记录不重复。为此,表中要指定用来区分各记录的标识,称为表的主键或主码。主键是一个字段或者多个字段的组合。一个表主键的取值是绝不重复的,如教材表的主键是"教材编号",员工表的主键是"工号"。同时,定义了主键的关系中,不允许任何元组的主键属性值为空值(NULL)。

④ 外键。一个数据库中多个表之间通常是有关系的。一个表的字段在另外一个表中是主键,作为将两个表关联起来的字段,称为外键。外键与主键之间,必须满足参照完整性的要求。如教材表中,"出版社编号"就是外键,对应出版社表的主键。

(2) 数据类型的作用有哪些?试举几种常用的数据类型及其常量表示。

【参考答案】 一个 DBMS 的数据类型的多少是该 DBMS 功能强弱的重要指标,不同的DBMS 在数据类型的规定上各有不同。

数据类型规定了每一类数据的取值范围、表达方式和运算种类。每个在数据库中使用的数据都应该有明确的数据类型。因此,定义表时每个字段都要指出它的类型。

有一些数据,比如员工表中的"工号",可以归属到不同的类型中,既可以指定其为"文本型",也可以指定为"数字型",因为它是全数字编号。这样的数据到底应该指定为哪种类型,就要根据它自身的用途和特点来确定。例如：

文本型数据类型是字符串，其常量表示为"张三"或'张三'；

日期/时间型是年月日时分秒或年月日或时分秒，其常量表示为♯2012-2-8 20:8♯。

(3) Access 2010 数据库中有哪几种创建表的方法？最基本的方法是什么？

【参考答案】 有六种方式建立表。

第一种和 Excel 一样，直接在数据表中输入数据。Access 会自动识别存储在该表中各列数据的数据类型，并据此设置表的字段属性。

第二种是通过"表"模板，应用 Access 内置的表模板来建立新的数据表。

第三种是通过"SharePoint 列表"，在 SharePoint 网站建立一个列表，再在本地建立一个新表，然后将其联接到 SharePoint 列表中。

第四种是通过表的"设计视图"创建表。该方法需要完整设置每个字段的各种属性。

第五种是通过"字段"模板设计建立表。

第六种是通过导入外部数据建立表。

用户可以根据自己的实际情况选择适当的方法来建立符合要求的 Access 表对象。

创建表的这些方法中，最基本的方法是在表的设计视图中创建。其他方法中，有的在已建立表的情况下，还需要在设计视图中对表的结构进行修改调整。

(4) 数字型数据类型进一步分为哪些子类型？

【参考答案】 数字型进一步分为字节、整型、长整型、单精度型、双精度型、小数等，不同子类型的取值范围和精度有区别。

(5) 自动编号字段有哪些类型的编号方式？

【参考答案】

自动编号字段可以有以下三种类型的编号方式。

① 每次增加固定值的顺序编号。最常见的"自动编号"方式为每次增加 1，生成顺序号。

② 随机自动编号。将生成随机编号，且该编号对表中的每一条记录都是唯一的。

③ 同步复制 ID(也称作 GUIDs，全局唯一标识符)。这种自动编号方式一般用于数据库的同步复制，可以为同步副本生成唯一的标识符。所谓数据库同步复制，是指建立 Access 数据库的两个或更多特殊副本的过程。副本可以同步化，即一个副本中数据的更改，均被送到其他副本中。

(6) 是/否型作为逻辑值的常量，可以取的值有哪些？

【参考答案】 true 与 false、on 与 off、yes 与 no 等。这几组值在存储时实际上都只存一位。true、on、yes 存储的值是-1，false、off 与 no 存储的值为 0。

(7) Access 命名的基本原则要求是什么？

【参考答案】 Access 命名的基本原则要求是：以字母或汉字开头，由字母、汉字、数字以及下划线等少数几个特殊符号组成，不超过一定的长度。

(8) 如果将 Access 保留字作为对象名使用，将会产生什么后果？

【参考答案】 若将保留字作为对象名，一方面，会造成意义表述的混淆，另一方面，有时候会发生系统处理的错误。例如词汇"name"，是控件的一个属性名，如果有对象也命名为"name"，那么在引用时就可能出现系统理解错误而达不到预期的结果。

(9) 简述应用设计视图创建表的基本步骤。

【参考答案】

① 进入 Access 窗口,选择功能区"创建"(单击),进入"创建"选项卡。

② 选择"表设计"按钮(单击),启动表设计视图。

③ 在设计视图中按照表的设计,定义各字段的名称、数据类型,设置字段属性等。

④ 定义主键、索引等,设置表的属性。

⑤ 对表命名保存。

如果新创建的表和其他表之间有关系,还应建立与其他表之间的关系。当然,也可以在创建完所有表之后,再建立全部表之间的关系。

(10) 给字段定义索引有哪些作用?

【参考答案】 "索引"是一个字段属性。给字段定义索引有两个基本作用:

第一是利用索引可以实现一些特定的功能,如主键就是一个索引;

第二是建立索引可以明显提高查询效率,更快地处理数据。

二、名词解释

(1)(表的)主键。

【参考答案】 一般来说,表的每个记录都是独一无二的,也就是说,记录不重复。为此,表中要指定用来区分各记录的标识,称为表的主键。

(2)(表的)外键。

【参考答案】 一个表的字段在另外一个表中是主键,作为将两个表关联起来的字段,称为外键。

(3) 数据库同步复制。

【参考答案】 建立 Access 数据库的两个或更多特殊副本的过程。副本可同步化,即一个副本中数据的更改,均被送到其他副本中。

(4) 是/否型。

【参考答案】 是/否型即逻辑型,用于表达具有真或假的逻辑值,或者是相对两个值。

(5) OLE 对象型。

【参考答案】 OLE 对象型用于存放多媒体信息,如图片、声音、文档等。例如,要将员工的照片存储就要使用 OLE 对象。

三、填空题

(1) 相同的   (2) 二维表   (3) 记录,字段   (4) 255 字符   (5) 65 535 个字符

四、单项选择题

(1) B   (2) A   (3) C   (4) D   (5) C   (6) A   (7) D   (8) B   (9) C   (10) A

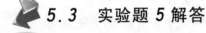

5.3 实验题 5 解答

实验题 5-1 建立数据库

完成教材管理系统数据库的建立,包含创建所需要的表对象。

这是一个综合实验题。

请结合主教材第 4 章例 4-1 和实验题 4-5,在 Access 下建立教材管理数据库;再结合主教材第 3 章例 3-11 关于教材管理系统的逻辑设计,E-R 图转化为关系模型,以及主教材本章例 5-1 的物理设计,对每一个关系建立的结构表,对教材管理系统中的 8 个关系(部门、员工、出版社、教材、订购单、订购细目、发放单、发放细目),依照它们的结构表完成各自的表对象创建,并参照主教材第 3 章表 3-1、表 3-2 和表 3-21、表 3-22、表 3-23、表 3-24、表 3-25、表 3-26,录入各表的记录。

【实验步骤参考】

请参阅例 5-2。以教材表为例,介绍表的创建过程。

我们曾在上一章实验题 4-5 中要求:创建教材管理数据库,所创建起来的教材管理数据库请妥善保存,后面各章都要使用。现在我们开始使用。请同学们一定要存储好你的数据库文件,后面一直要使用。

这里假设教材管理数据库已经建成并已打开,采用设计视图来创建表。

(1)进入 Access 窗口,选择功能区"创建"(单击),进入"创建"选项卡,如图 5-1 所示。

图 5-1 "创建"选项卡

(2)选择"表设计"按钮(单击),启动表设计视图,如图 5-2 所示。

假设先建立教材表。

(3)在设计视图中按照表的设计,定义各字段的名称、数据类型,设置字段属性等。

根据事先完成的物理设计,依次在字段名称栏中输入教材表的字段,选择合适的数据类型,并在各字段的"字段属性"部分做进一步的设置,如图 5-3 所示。

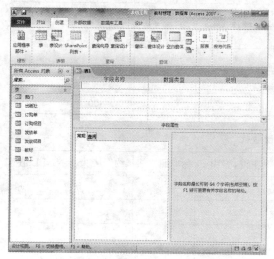

图 5-2 创建表的表设计视图

图 5-3 设计视图中创建教材表

43

（4）定义主键、索引等，设置表的属性。

（5）对表保存，命名为"教材"。

（6）依此完成其他表的创建。

实验题 5-2 创建表对象

完成图书销售系统数据库中各表的创建。（本数据库创建后，如同教材管理数据库和下一道实验题（实验题 5-3）所建立的教学管理系统数据库一样，在后面各章经常要使用。）

第一，图书销售系统的关系模型如下。

① 部门（部门编号，部门名，办公电话）。

② 员工（工号，姓名，性别，生日，部门编号，职务，薪金）。

③ 出版社（出版社编号，出版社名，地址，联系电话，联系人）。

④ 图书（图书编号，ISBN，书名，作者，出版社编号，版次，出版时间，图书类别，定价，折扣，数量，备注）。

⑤ 售书单（售书单号，售书日期，工号）。

⑥ 售书明细（售书单号，图书编号，序号，数量，售价折扣）。

第二，图书销售系统的表结构设计如表 5-1 至表 5-6 所示。

表 5-1　部门

字 段 名	类　型	宽　度	小 数 位	主键/索引	参 照 表	约　束	NULL 值
部门编号	文本型	2		↑（主）			
部门名	文本型	20					
办公电话	文本型	18					√

表 5-2　员工

字 段 名	类　型	宽　度	小 数 位	主键/索引	参 照 表	约　束	NULL 值
工号	文本型	4		↑（主）			
姓名	文本型	10					
性别	文本型	2				男或女	
生日	日期/时间型						
部门编号	文本型	2		↑	部门		√
职务	文本型	10					√
薪金	货币型					≥800	

表 5-3　出版社

字 段 名	类　型	宽　度	小 数 位	主键/索引	参 照 表	约　束	NULL 值
出版社编号	文本型	4		↑（主）			
出版社名	文本型	26					
地址	文本型	40					
联系电话	文本型	18					√
联系人	文本型	10					√

表 5-4 图书

字 段 名	类 型	宽 度	小 数 位	主键/索引	参 照 表	约 束	NULL 值
图书编号	文本型	13		↑（主）			
ISBN	文本型	22					
书名	文本型	60					
作者	文本型	30					
出版社编号	文本型	4			出版社		
版次	数字型					≥1	
出版时间	文本型	7					
图书类别	文本型	12					
定价	货币型					>0	
折扣	数字型（单精度型）						√
数量	数字型(整型)					≥0	
备注	备注型						√

表 5-5 售书单

字 段 名	类 型	宽 度	小 数 位	主键/索引	参 照 表	约 束	NULL 值
售书单号	文本型	10		↑（主）			
售书日期	日期/时间型						
工号	文本型	4			员工		

表 5-6 售书明细

字 段 名	类 型	宽 度	小 数 位	主键/索引	参 照 表	约 束	NULL 值
售书单号	文本型	10		↑	售书单		
图书编号	文本型	13			图书		
数量	整型						
售价折扣	单精度型					0.0~1	√

【实验步骤参考】

（1）进入 Access 窗口，选择功能区"创建"（单击），进入"创建"选项卡，如图 5-4 所示。

图 5-4 功能区"创建"选项卡

（2）选择"表设计"按钮（单击），启动表设计视图，如图 5-5 所示，以创建图书表为例。

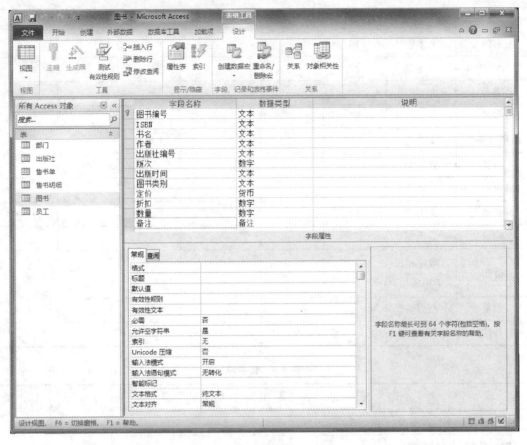

图 5-5　创建表的设计视图

（3）在设计视图中按照表的设计，定义各字段的名称、数据类型，设置字段属性等。

（4）定义主键、索引等，设置表的属性。

（5）录入记录。

创建表的结构后，就要给表输入数据记录。每一条记录所输入的数据必须满足所有对于表的约束。

各表的记录内容请参阅表 5-7 至表 5-12。

（6）保存或退出时对表命名"图书"。

表 5-7　部门

部门编号	部门名	办公电话
01	经理室	027-87013301
03	人事部	027-87013303
04	财务部	027-87013304
07	书库	027-87013307
11	购书/服务部	027-87013311
12	售书部	027-87013312

表 5-8　员工

工号	姓名	性别	生日	部门编号	职务	薪金
0102	张蓝	女	1975/3/20	01	总经理	5,000.00
0301	李建设	男	1978/10/15	03	经理	3,650.00
0402	赵也声	男	1971/8/30	04	副经理	2,200.00
0404	章曼雅	女	1981/1/12	04	会计	1,260.00
0704	杨明	男	1970/11/11	07	保管员	1,100.00
1101	王宜淳	男	1972/5/18	11	经理	2,200.00
1103	张其	女	1984/7/10	11	业务员	960.00
1202	石破天	男	1980/10/15	12	组长	1,260.00
1203	任德芳	女	1982/12/14	12	业务员	960.00
1205	刘东珏	女	1985/2/26	12	业务员	800.00

表 5-9　出版社

出版社编号	出版社名	地址	联系电话	联系人
1002	高等教育出版社	北京市东城区沙滩街	010-64660880	王祝
1003	科学出版社	北京东黄城根北路16号	010-62138978	陈晓萍
1113	中国铁道出版社	北京市宣武区右安门西街8号	010-63583215	徐海英
1115	人民邮电出版社	北京市丰台区成寿寺路11号	010-81055256	武恩玉
1302	清华大学出版社	北京市海淀区清华大学学研大厦	010-62770175	闫红梅
1307	武汉大学出版社	武昌珞珈山	027-68752971	黄金文
2703	湖北科技出版社	湖北省武汉市武昌区黄鹤路	027-87808866	赵守富
5005	中国财政经济出版社	北京市海淀区埠成路甲28号	010-88190406	容丽华
5100	中国水利电力出版社	北京市海淀区玉渊潭南路	010-82562819	杜威
5680	华中科大出版社	湖北省武汉市洪山区珞瑜路	027-81321815	曹胜亮

表 5-10　图书

图书编号	ISBN	书名	作者	出版社编号	版次	出版时间	图书类别	定价	折扣	数量	备注
5031247689	ISBN978-7-5005-0575-2	汇编语言程序设计	何友鸣	1005	1	1989.6	财经信息	2.6		5000	
5561247604	ISBN978-7-5023-2191-8	电脑应用与打字排版技术实用教程	高俊何友鸣	5023	1	1994.9	管理学	25		4000	
5601455407	ISBN978-7-300-03045-9	计算机应用基础学习指导	刘腾何友鸣	1300	1	2000.8	计算机	20	0.6	5550	
5661247578	ISBN978-7-5352-1741-9	计算机操作与文字数据处理	田胜立何友鸣	5352	3	1998.8	管理学	22		7300	
5661247583	ISBN978-7-5352-1197-6	计算机基础理论与操作技能	方辉云何友鸣	5352	1	1993.10	管理学	12		5000	
6031233289	ISBN978-7-03-006306-6	C++语言程序设计	何友鸣	1003	1	2001.6	信息	22		4000	
6661247543	ISBN978-7-5352-2773-2	VC/MFC应用程序开发	何友鸣	5352	1	2002.7	信息	35		3000	
6661247578	ISBN978-7-03-011672-0	信息系统分析与设计	刘腾红何友鸣	1003	1	2003.8	信息	24		5000	
6661247595	ISBN978-7-03-011672-7	信息系统分析与设计	刘腾红何友鸣	1003	2	2008.3	信息	30		14000	
7001233236	ISBN978-7-5680-0329-2	大学计算机基础	何友鸣	5680	1	2014.9	信息	49		12000	
7001233237	ISBN978-7-5680-0327-8	大学计算机基础实践教程	何友鸣	5680	1	2014.9	管理学	28		12000	
7031200330	ISBN978-7-302-15581-2	大学计算机基础	刘腾红何友鸣	1010	1	2007.8	计算机	30		8000	
7031200331	ISBN978-7-302-15552-2	大学计算机基础实验指导	刘腾红何友鸣	1010	1	2007.8	计算机	18		8000	
7031200332	ISBN978-7-302-15580-5	计算机组成与结构	何友鸣方辉云	1010	1	2007.10	计算机信息	18		3000	
7031233105	ISBN978-7-03-014833-9	C/C++/Visual C++程序设计	方辉云何友鸣	1003	1	2005.1	计算机	33.8		8000	
7031233106	ISBN978-7-900146-96-2	C/C++/Visual C++程序设计光盘	方辉云何友鸣	1003	1	2005.1	计算机	5.8		8000	
7031233107	ISBN978-7-03-014789-8	C/C++/Visual C++程序设计实践第	方辉云何友鸣	1003	1	2005.1	计算机	19.9		8000	
7031233230	ISBN978-7-115-33849-5	数据库原理与应用	何友鸣	1105	1	2014.2	信息	45		2000	
7031233231	ISBN978-7-115-33850-1	数据库原理及应用实践教程	何友鸣	1105	1	2014.2	信息	28		2000	
7031234444	ISBN978-7-115-23876-4	大学计算机基础	何友鸣	1105	1	2010.10	信息	38		2000	
7031234445	ISBN978-7-115-23905-1	大学计算机基础实践教程	何友鸣	1105	1	2010.10	信息	19		2000	
7031241119	ISBN978-7-307-05657-2	计算机文化基础	刘永祥何友鸣	1307	1	2007.8	计算机科学	33		5000	
7031241120	ISBN978-7-307-05775-3	计算机文化基础上机指导教程	胡西林何友鸣	1307	1	2007.9	计算机科学	33		5000	
7031247511	ISBN978-7-81114-665-3	现代信息技术	何友鸣	8114	1	2007.11	管理学	39		8000	
7031247578	ISBN978-7-302-15380-1	计算机程序设计基础	何友鸣	1010	1	2007.8	计算机	36		5000	
7031247684	ISBN978-7-307-04941-4	汇编语言程序设计	何友鸣	1307	1	2006.3	计算机科学	21		5000	
7201115329	ISBN978-7-5005-5212-2	计算机应用基础	刘腾红何友鸣	1005	1	2001.8	计算机	35	0.6	5550	
7201115330	ISBN978-7-5005-5212-2	计算机应用基础修订本	刘腾红何友鸣	1005	2	2003.6	计算机	33	0.6	5550	
7201155330	ISBN978-7-5005-6667-0	计算机应用基础学习指导	刘腾红何友鸣	1005	2	2003.8	计算机	30	0.6	5550	

表 5-11　售书单

售书单号	售书日期	工号
1	2007/1/1	1202
2	2007/1/1	1203
3	2007/1/4	1203
4	2007/2/5	1205
5	2007/2/25	1205
6	2007/3/7	1203
7	2007/3/7	1205
8	2007/7/14	1203
9	2007/8/20	1205
10	2007/8/20	1202
11	2007/8/20	1205
12	2007/9/16	1203

表 5-12　售书明细

售书单号	图书编号	数量	售价折扣
1	7043452021	1	0.850000024
1	7405215421	2	0.800000012
2	7031233232	3	0.800000012
2	7101145324	3	0.949999988
2	7222145203	3	1
3	7302135632	60	0.75
3	7203126111	60	0.800000012
4	7405215421	100	0.75
5	7201115329	1	0.949999988
5	7222145203	1	1
6	7302136612	40	0.800000012
7	7201115329	2	0.949999988
7	7203126111	2	0.850000024
8	7043452021	1	0.850000024
8	7031233232	1	0.800000012
9	7204116232	1	0.899999976
9	7222145203	1	1
9	7405215421	1	0.800000012
10	7204116232	30	0.850000024
10	7302136612	30	0.800000012
11	7203126111	420	0.800000012
12	7222145203	1	1

实验题 5-3　创建教学管理数据库

完成教学管理系统数据库的创建。(本数据库创建后,如同教材管理数据库和上一道实验题(实验题 5-2)所建立的图书销售系统数据库一样,在后面各章经常要使用。)

请在机器上完成以下操作。

第一,请在"D:\教学"下建立数据库——教学管理.accdb,然后建立成绩、课程、学生、学院和专业 5 个表对象,它们的结构如表 5-13 至表 5-17 所示。

表 5-13　成绩表

键	字 段 名	类 型	宽 度	说　明
	学号	文本	8	
	课程号	文本	8	
	成绩	数字		单精度型,小数位 1,有效性规则>=0 and <=100

表 5-14　课程表

键	字 段 名	类 型	宽 度	说　明
主键	课程号	文本	8	建立无重复索引
	课程名	文本	24	
	学分	数字	字节	小数位自动
	学院号	文本	2	

表 5-15　学生表

键	字 段 名	类 型	宽 度	说　明
主键	学号	文本	8	建立无重复索引
	姓名	文本	8	
	性别	文本	2	='男'or='女'
	生日	日期/时间		
	民族	文本	2	255
	籍贯	文本		255
	专业号	文本		4
	简历	备注		非必填字段
	登记照	OLE 对象		非必填字段

表 5-16　学院表

键	字 段 名	类 型	宽 度	说　明
主键	学院号	文本	2	建立无重复索引
	学院名	文本	16	
	院长	文本	8	

表 5-17 专业表

键	字 段 名	类 型	宽 度	说 明
主键	专业号	文本	4	建立无重复索引
	专业	文本	16	
	专业类别	文本	8	建立有重复索引
	学院号	文本	2	

第二,对这 5 张表都在"表属性"对话框的"说明"栏填写对表的有关说明性文字。

成绩表:记录各学号的各个课程号的成绩。

课程表:记录课程号、课程名、学分和学院号。

学生表:记录学生档案。

学院表:记录学院号、学院名和院长姓名。

专业表:记录专业号、专业名称、专业类别和所属学院号。

第三,请对每张表录入记录,内容参阅表 5-18 至表 5-22。

第四,对成绩表的成绩降序排序。

表 5-18 成绩表

学号	课程号	成绩
06053113	01054010	85
06053113	02091010	80
06053113	09064049	75
06053113	05020030	90
06053113	09061050	82
07042219	02091010	85
07042219	01054010	78
07042219	09061050	72
08055117	01054010	92
08055117	09064049	85
08055117	09061050	88
07093305	09064049	92

表 5-19 课程表

课程号	课程名	学分	学院号
01054010	大学英语	4	01
02000032	美术设计	2	02
02091010	大学语文	3	01
04010002	法学概论	3	04
04020021	合同法实务	2	04
05020030	管理学原理	3	05
05020051	市场营销学	3	05
09006050	线性代数	3	09
09023040	运筹学	5	09
09061050	数据库及应用	3	09
09064049	高等数学	6	09
09065050	数据结构	4	09

表 5-20 学生表

学号	姓名	性别	生日	民族	籍贯	专业号	简历	登记照
06041138	刘刘婉娥	女	1998/11/9	汉	湖北省黄冈市	0403		
06053113	唐李生	男	1987/4/19	汉	宁夏区银川市	0501		
07042219	黄耀	男	1989/1/2	汉	黑龙江省牡丹江	0403		
07045120	刘权利	男	1989/10/20	回	湖北省武汉市	0403		
07093305	郑家谋	男	1988/3/24	汉	上海市	0904		
07093317	凌晨	女	1988/6/28	汉	浙江省温州市	0904		
07093325	史玉磊	男	1988/9/11	汉	甘肃省兰州市	0904		
07093342	罗家艳	女	1988/5/16	满	北京市	0904		
08041127	巴朗	男	1989/9/25	蒙古	内蒙古呼市	0403		
08041136	徐栋梁	男	1989/12/20	回	陕西西安市	0403		
08045142	郝明星	女	1989/11/27	满	辽宁省大连市	0403		
08053101	高猛	男	1990/2/3	汉	青海省西宁市	0501		
08053116	陆敏	女	1990/3/18	汉	广东省东莞市	0501		
08053124	多桑	男	1988/10/26	藏	西藏区拉萨市	0501		
08053131	林惠萍	女	1989/12/4	壮	广西省柳州市	0501		
08053160	郭政强	男	1989/6/10	土家	湖南省吉首市	0501		
08055117	王燕	女	1990/8/11	回	河南省安阳市	0501		

49

<table>
<tr><td colspan="2">5T 表-21　学院表</td></tr>
</table>

学院号	学院名	院长
01	外语国学院	叶秋宜
02	人文学院	李容
03	金融学院	王汉生
04	法学院	乔亚
05	工商管理学院	张绪
06	会计学院	刘莽
09	信息工程学院	骆大跑
12	文澜学院	荀途
17	国际学院	淮冬雪

表 5-22　专业表

专业号	专业	专业类别	学院号
0201	新闻学	人文	02
0301	金融学	经济学	03
0302	投资学	经济学	03
0403	国际法	法学	04
0501	工商管理	管理学	05
0503	市场营销	管理学	05
0602	会计学	管理学	06
0902	信息管理与信息系统	管理学	09
0904	计算机科学	工学	09
1001	软件工程	工学	10
1002	网络工程	工学	12

【实验步骤参考】

（1）在 D 盘上建立文件夹"教学"。

（2）进入 Access，在"D:\教学"中建立"教学管理.accdb"；

（3）针对设计，对表 5-13 至表 5-17，分别在 Access 下，于"教学管理.accdb"中一一建表。建表方法不限，一般使用设计器创建表：在"教学管理数据库"窗口选择对象标签"表"，再单击工具栏中的"新建"菜单，按表 5-13 至表 5-17 共 5 张表的设计要求建好结构。

请参考表 5-18 至表 5-22 的内容输入记录，注意记录输入的技巧应用，记录的插入、删除、修改、替换等操作。

（4）对成绩表的成绩降序排序。

（5）存盘，完成拥有 5 个表对象的教学管理数据库文件：教学管理.accdb。

实验题 5-4　显示控件

在机器上实现主教材本章例 5-10 的实验。

为图书销售系统中的"售书单"表的"工号"字段定义显示控件绑定。

"售书单"表的"工号"字段是一个外键，只能在"员工"表列出的工号中取值。为了提高输入速度和避免输入错误，可以利用查阅属性将"工号"与"员工"表的"工号"字段绑定，当输入"售书单"数据时，对"工号"字段进行限定和提示，立即选取。

【实验步骤参考】

（1）打开图书销售.accdb。

（2）在导航窗格选择"售书单"（双击），打开售书单的数据表视图。通过视图切换进入"售书单"表的设计视图，如图 5-6 所示。

（3）选择"工号"字段，选择"查阅"选项卡，并将"显示控件"属性设置为"组合框"，如图 5-7 所示。

（4）将"行来源类型"属性设置为"表/查询"。

（5）将"行来源"属性设置为"员工"。

（6）将"绑定列"属性设为 1。该列将对应"员工"表的第 1 列工号。

（7）将"列数"属性定义为 2，这样，在数据表视图中显示两列，为此要定义"列宽"属性，由于工号只有 4 位，这里定义为 1，单位为 cm。全部设计如图 5-8 所示。

保存表设计，至此，完成了将"工号"字段与"组合框"控件的绑定工作，并且组合框中的选项是"员工"表的"工号"字段中的数据。

切换到"售书单"的数据表视图中，可以看到，当进入"工号"字段时，可以在"组合框"中

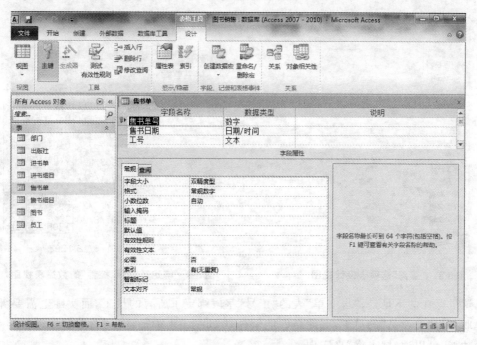

图 5-6 "售书单"表的设计视图

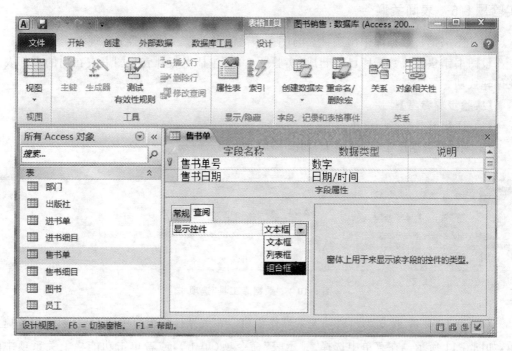

图 5-7 "显示控件"属性设置为"组合框"

下拉出"员工"表的"工号"和"姓名"两列字段,如图 5-9 所示。在输入或修改时,可以选择一个工号,这样,既不需要用键盘输入,也不会出错。

工号	文本
	字

常规	查阅	
显示控件		组合框
行来源类型		表/查询
行来源		员工
绑定列		1
列数		2
列标题	多	否
列宽		1cm
列表行数		16
列表宽度		自动
限于列表		否
允许多值		否
允许编辑值列表		否
列表项目编辑窗体		
仅显示行来源值		否

图 5-8 "查阅"选项卡设计视图

售书单		
售书单号 ▾	售书日期 ▾	工号 ▾
1	2007/1/1	1202 ▾
2	2007/1/1	0102 张蓝
3	2007/1/4	0301 李建设
4	2007/2/5	0402 赵也声
5	2007/2/25	0404 章曼雅
6	2007/3/7	0704 杨明
7	2007/3/7	1101 王宜淳
8	2007/7/14	1103 张其
9	2007/8/20	1202 石破天
10	2007/8/20	1203 任德芳
11	2007/8/20	1205 刘东珏
12	2007/9/16	1203

图 5-9 绑定了"显示控件"的数据表视图

这里存在的不足是,"售书单"表的"工号"字段绑定了所有的员工,而实际上需要绑定的只是职务为"营业员"的员工,因此最好能够先从"员工"表中筛选出"营业员",然后再绑定。这种功能,可以通过"查询"来实现。

实验题 5-5 表间关联

建立图书销售数据库中出版社表与图书表之间的关系。在机器上实现本实验。

设图书销售系统数据库已经建成(实验题 5-2),包括出版社表与图书表在内的全部表对象创建成功。

【实验步骤参考】

(1)打开图书销售.accdb。

(2)单击"数据库工具"选项卡,如图 5-10 所示。

图 5-10 "数据库工具"选项卡

(3)单击"关系"按钮,启动关系操作窗口。在关系操作窗口中单击右键,弹出快捷菜单,如图 5-11 所示。在菜单中选择"显示表"命令项(单击),或者单击功能栏上关系项中的显示表图标,弹出"显示表"对话框,如图 5-12 所示。

在"显示表"对话框中选中"出版社"表,单击"添加"按钮,再双击"图书"表,依次将两个表添加到关系操作窗口,如图 5-13 所示。最后关闭"显示表"对话框。

从父表中选中被引用字段,将其拖动到子表对应的外键字段上。这里选中"出版社"表的"出版社编号"字段,将其拖动到"图书"表的"出版社编号"上,这时弹出"编辑关系"对话框,如图 5-14 所示。

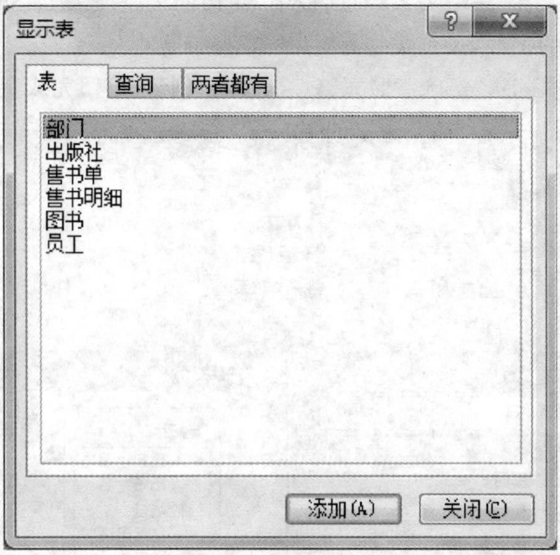

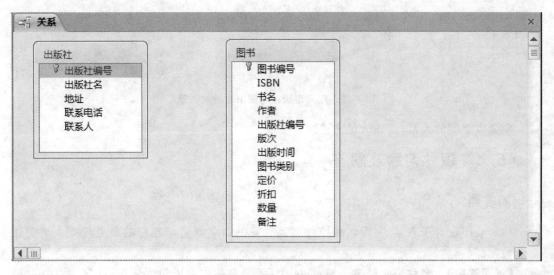

图 5-12 "显示表"对话框

图 5-11 关系操作窗口快捷菜单

图 5-13 关系操作窗口

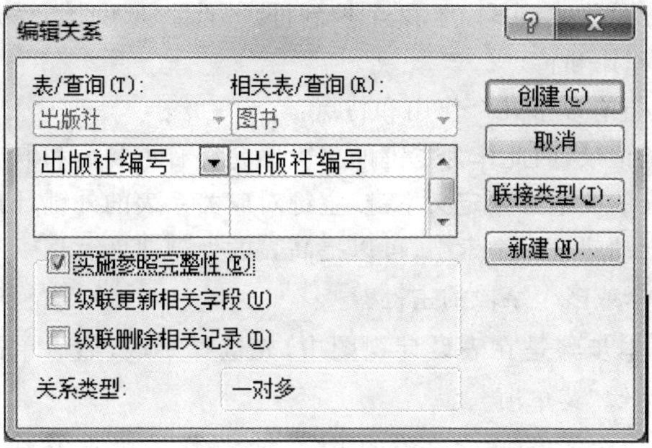

图 5-14 "编辑关系"对话框

在"编辑关系"对话框中,左边的表是父表,右边的相关表是子表。下拉框中列出发生联系的字段,关系类型是"一对多"。

勾选"实施参照完整性",单击"创建"按钮完成定义这两表之间的关系,如图5-15所示。

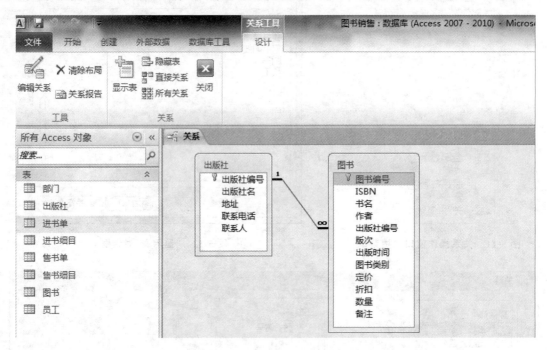

图5-15　定义出版社与图书之间的关系

定义表之间的关系,使其满足完整性的要求。

5.4　课外习题及解答

一、简答题

（1）Access对于表名、字段名和控件名等对象的命名制定了相应的命名规则。请简述命名规则。

【参考答案】　名称长度最多不超过64个字符,名称中可以包含字母、汉字、数字、空格及特殊的字符（除句号（.）、感叹号（!）、重音符号（`）和方括号（[ ]）之外）的任意组合,但不能包含控制字符（ASCII值为0到31的32个控制符）。首字符不能以空格开头。

（2）简述主键的作用和特点。

【参考答案】　主键有以下几个作用和特点:

① 唯一标识每条记录,因此作为主键的字段不允许有重复值和取NULL值;

② 建立与其他表的关系必须定义主键,主键对应关系表的外键,两者必须一致;

③ 定义主键将自动建立一个索引,可以提高表的处理速度。

（3）如何定义单个或多个字段的主键?

【参考答案】　基本步骤是在表设计视图中,先选择字段,然后单击主键 按钮或者从"编辑"菜单中选择"主键"菜单项。

当建立主键的是多个字段（多个字段的组合）时,操作步骤是:按住"Ctrl"键,依次单击要建立主键的字段选择器（最左边一列）,选中所有主键字段,然后单击 按钮或者"编辑"菜单的"主键"菜单项。

这样，Access 即在表中根据指定的字段建立了主键。其标志是在主键的字段选择器上显示一把钥匙。

（4）为什么说索引会降低数据更新操作的性能？

【参考答案】　索引会降低数据更新操作的性能，因为修改记录时，如果修改的数据涉及索引字段，Access 会自动同时修改索引，这样就增加了额外的处理时间，所以对于更新操作多的字段，要避免建立索引。

（5）如何兼容单字段和多字段索引？

【参考答案】

① 建立单字段索引的步骤是：

进入该表的设计视图，选中要建立索引的字段，在"字段属性"的"索引"栏下选择"有（有重复）"或者"有（无重复）"即可。"有重复"索引字段允许重复取值。"无重复"索引字段的值都是唯一的，如果在建立索引时已有记录，但不同记录的该字段数据有重复，则不可再建立"无重复"索引，除非先删掉重复的数据。

② 建立多字段索引的步骤是：

进入表的设计视图，然后单击"表设计"工具栏上的"索引"按钮　或从"视图"菜单中选择"索引"菜单项，弹出"索引"对话框。将鼠标定位到"索引"窗口的"索引名称"列第一个空白栏中，键入多字段索引的名称，然后在同一行的"字段名称"列的组合框中选择第 1 索引字段，在"排序次序"列中选择"升序"或"降序"；在紧接下面的行中，分别在"字段名称"列和"排序次序"列中选择第 2 索引字段和次序、第 3 索引字段和次序……直到字段设置完毕为止。最后设置索引的有关属性。

（6）如何删除主键？

【参考答案】　删除主键的操作方法如下。

在表设计视图中选中主键字段，多字段按住 Ctrl 键依次选中，然后单击"表设计"工具栏的　按钮或者"编辑"菜单的"主键"菜单项，即取消主键的定义。

要特别注意：如果主键被其他建立了关系的表作为外键来联系，则无法删除，除非取消这种联系。

二、填空题

（1）当需要使用文本值常量时，必须用 ASCII 的<u>单引号</u>或<u>双引号</u>括起来。单引号或双引号称为字符串定界符，必须成对出现。

（2）日期、时间或日期时间的常量表示要用"♯"作为标识符。

（3）要将某个 Microsoft Word 文档整个存储，就要使用<u>OLE 对象型</u>。

（4）字段属性中的格式是定义数据的<u>显示格式</u>和<u>打印格式</u>。

（5）字段属性中的输入掩码是定义数据的<u>输入格式</u>。

第6章 查询对象与 SQL 语言

6.1 学习指导

数据库是相关联数据的集合。当数据已经存储在数据库中，从数据库中获取信息就成为数据库应用最主要的方面，而查询是最普及的。

数据库系统（DBS，data base system）一般包括三大功能：数据定义功能、数据操作功能、数据控制功能。要表达并实施数据库操作，必须使用数据库操作语言。关系数据库中进行数据操作的语言是结构化查询语言 SQL（structured query language）。

（一）学习目的

查询（query）是数据库中重要的概念。直观理解，查询就是从数据库中查找所需要的数据。但在 Access 中，查询有比较丰富的含义和用途。

在 Access 中应用查询，基本步骤是：

（1）进入查询设计界面定义查询。

（2）运行查询，获得查询结果集。

（3）如果需要重复或在其他地方使用这个查询的结果，就将查询命名保存为一个查询对象。以后打开查询对象，就会立即执行查询并获得新的结果。

本章我们必须学好以下内容：

Access 中查询对象的概念；

SQL 语言，数据运算表达式，SQL 查询；

查询设计视图；

选择查询，汇总、交叉表、参数查询，查询向导；

动作查询，生成表查询、追加查询、更新查询、删除查询；

SQL 特定查询。

（二）学习要求

本章完整地介绍 Access 查询对象的意义、基础和用法。

为使读者更好地掌握查询，本章首先比较完整地介绍 SQL 语言与 SQL 查询。

查询对象是数据库中数据重新组织、数据运算处理、数据库维护的最主要的对象，其基础是 SQL 语言。

因此，本章首先介绍 SQL 语言，并将数据的表达式运算作为 SQL 的组成部分。SQL 语言包括了数据定义和数据操作功能，本章通过众多示例，全面介绍了数据定义、数据查询、数据维护的命令及用法，展示了单表联接、多表联接、分组汇总、子查询等多种操作数据的方法，这是本书非常重要的特色。

在此基础上，本章又完整地介绍了 Access 中各种类型查询设计视图的使用方法，包括选择查询、交叉表查询、参数查询、生成表查询、追加查询、删除查询、更新查询、SQL 特定查询等。

通过本章的深入学习，读者一定要在关系数据库的本质和 Access 的应用方面建立起深刻的认识,并能熟练应用 Access 系统来设计和管理数据。

（三）一定要清楚

一定要清楚:Access 提供了交互方式的设计视图和命令行方式的 SQL 视图两种设计界面,但事实上最后都是使用 SQL 语句,所以只有深刻理解和熟练掌握 SQL,才能自如地进行数据库查询。专业人员一般习惯于直接使用 SQL。

很多 DBMS 都提供了完善的工具供用户编辑操作 SQL 语句。Access 的 SQL 视图相当于 SQL 工具,但是由于 Access 可视化特点的重点放在交互的操作界面上,因此这个 SQL 工具很简单,是一个文本编辑器,每次只能使用一条 SQL 语句。

一定要清楚:Access 将查询类型分为以下 6 种。

选择查询:从数据源中查询所需数据。

生成表查询:将查询的结果保存为新的表。

追加查询:向表中插入追加数据。

更新查询:修改、更新表中数据。

交叉表查询:将查询到的符合特定格式的数据转换为交叉表格式。

删除查询:删除表中的数据。

这 6 种查询都有可视方式定义,实现了对数据库的操作功能。

此外,还有一类特定查询:联合、传递、数据定义。这些功能的实现,只能通过 SQL 语句完成,没有等价的可视方式。

一定要清楚:Access 将这些查询分为两大类:选择查询和动作查询。

其中:选择查询及交叉表查询,是从现有数据中查询所需数据,不会影响数据库或表的变化,属于选择查询;而另外 4 种为动作查询,对指定表进行记录的更新、追加或删除操作,或者将查询的结果生成新表,涉及表的变化或数据库对象的变化。

一定要清楚:在 Access 中,中文机内码是双字节编码,一个汉字在计算位数时算 1 位,单字节的 ASCII 码一个字符也算一位,在计算字符长度时要注意区分。

一定要清楚:在逻辑表达式中,可以使用 true 和 false 等逻辑常量,但以数字的方式存储和显示,-1 表示 true,0 表示 false。字母在比较时不区分大小写。

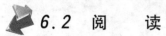 **6.2 阅 读**

（一）SQL 语言的特点

（1）综合统一。

SQL 语言集数据定义(DDL)、数据操纵(DML)、数据控制(DCL)的功能于一体,语言风格统一,可以独立完成数据库的全部操作,包括定义关系模式,录入数据及建立数据库,查询、更新、维护数据,数据库的重新构造,数据库安全性等一系列操作的要求,为数据库应用系统开发者提供了良好的环境。

（2）高度非过程化。

（3）面向集合的操作方式。

（4）以同一种语法结构提供两种使用方式。

（5）语言简洁,易学易用。

（二）SQL 语言的基本概念

SQL 语言支持关系型数据库的三级模式结构。其中外模式对应于视图（view）和部分基本表（base table），模式对应于基本表，内模式对应于存储文件。

基本表是本身独立存在的表，在 SQL 语言中一个关系对应一个表。一些基本表对应一个存储文件，一个表可以带若干索引，索引存放在存储文件中。

存储文件的逻辑结构组成了关系型数据库的内模式。而存储文件的物理文件结构是任意的。

视图是从基本表或其他视图中导出的表，它本身不独立存储在数据库中，也就是说，数据库只存放视图的定义，而不存放视图对应的数据，这些数据仍存放在导出视图的基本表中，因此视图是一个虚表。

（三）SQL 中的数据查询语句

数据库中的数据很多时候是为了查询的，因此，数据查询是数据库的核心操作。而在 SQL 语言中，查询语言中有一条查询命令，即 SELECT 语句。

1. 基本查询语句

【格式】 SELECT ［ALL｜DISTINCT］ ＜字段列表＞ FROM ＜表＞

【功能】 无条件查询。

【说明】 ALL：表示显示全部查询记录，包括重复记录。

DISTINCT：表示显示无重复结果的记录。

2. 带条件（WHERE）的查询语句

【格式】 SELECT ［ALL｜DISTINCT］ ＜字段列表＞ FROM ＜表＞
［WHERE ＜条件表达式＞］

【功能】 从一个表中查询满足条件的数据。

【说明】 ＜条件表达式＞由一系列用 AND 或 OR 联接的条件表达式组成，条件表达式的格式可以是以下几种：

① ＜字段名 1＞＜关系运算符＞＜字段名 2＞。

② ＜字段名＞＜关系运算符＞＜表达式＞。

③ ＜字段名＞＜关系运算符＞ALL（＜子查询＞）

④ ＜字段名＞＜关系运算符＞ ANY｜SOME （＜子查询＞）

⑤＜字段名＞ ［NOT］ BETWEEN ＜起始值＞ AND ＜终止值＞

⑥ ［NOT］ EXISTS （＜子查询＞）

⑦ ＜字段名＞ ［NOT］ IN ＜值表＞

⑧ ＜字段名＞ ［NOT］ IN （＜子查询＞）

⑨ ＜字段名＞ ［NOT］ LINK ＜字符表达式＞

SQL 支持的关系运算符如下：

＝、＜＞、！＝、＃、＝＝、＞、＞＝、＜、＜＝。

（四）SQL 的复杂查询

1. 联接查询

【说明】　在一个数据库中的多个表之间一般都存在着某些联系,在一个查询语句中同时涉及两个或两个以上的表时,这种查询称为联接查询(也称为多表查询)。在多表之间查询必须处理表与表之间的联接关系。

【格式】　SELECT　[ALL|DISTINCT]　<字段列表> FROM　<表 1>[,表 2…]
WHERE　<条件表达式>

2. 联接问题

在 SQL 语句中,在 FROM 子句中提供了一种称之为联接的子句,联接分为内联接和外联接,外联接又可分为左外联接、右外联接和全外联接。

1)内联接

内联接是指包括符合条件的每个表的记录,也称为全记录操作。而上面两个例子就是内联接。

2)外联接

外联接是指把两个表分为左、右两个表。右外联接是指联接满足条件右侧表的全部记录,左外联接是指联接满足条件左侧表的全部记录。全外联接是指联接满足条件表的全部记录。

3. 嵌套查询

在 SQL 语句中,一个 SELECT－FROM－WHERE 语句称为一个查询块。将一个查询块嵌套在另一个查询块的 WHERE 子句或 HAVING 短语的条件中的查询称为嵌套查询或子查询。

4. 分组与计算查询

【格式】　SELECT　[ALL|DISTINCT]　<字段列表> FROM　<表>[WHERE　<条件>]

[GROUP　BY　<分类字段列表>…][HAVING　<过滤条件>]

[ORDER　BY　<排序项>]　[ASC|DESC]

【功能】　排序、函数运算和谓词演算。

5. 查询去向

默认情况下,查询输出到一个浏览窗口,用户在"SELECT"语句中可使用[INTO<目标>|TO FILE<文件名>|TO SCREEN| TO　PRINTER]子句选择查询去向。

INTO ARRAY 数组名:将查询结果保存到一个数组中。

CURSOR<临时表名>:将查询结果保存到一个临时表中。

DBF|TABLE <表名>:将查询结果保存到一个永久表中。

TO FILE<文件名>[ADDITIVE]:将查询结果保存到文本文件中。如果带"ADDITIVE"关键字,查询结果以追加方式添加到<文件名>指定的文件,否则,以新建或覆盖方式添加到<文件名>指定的文件。

TO SCREEN:将查询结果在屏幕上显示。

TO PRINTER:将查询结果送打印机打印。

（五）ODBC 技术

ODBC 是 open database connectivity 的缩写，意为开放数据库互联，这是一种数据库联接访问技术。

早期编写计算机程序的高级语言采用文件系统保存数据。当数据库技术出现后，高级语言并没有直接处理数据库的功能。而数据库的操作语言是 SQL，SQL 本身并没有程序设计的功能，也不能设计用户界面和报表等。因此，早期要编写数据库应用程序，必须通过改造高级语言，在高级语言中嵌入 SQL 命令。这种应用模式如图 6-1 所示。

后来，各种类型的数据库不断涌现，只支持特定数据库的嵌入方式在扩展应用方面越来越不适应。为此，微软公司于 1992 年率先推出了数据库访问的通用公共平台：开放数据库互联。

随着数据库产品和技术的发展，数据库访问技术得到了很大发展，出现了很多种数据库联接技术。下面仅对几种常用的数据库联接访问技术做简要介绍。

ODBC 使用 SQL 作为访问数据的标准，是一种使用 SQL 的应用程序接口（API）。按照 ODBC 的体系结构，将使用 ODBC 的应用分为四层，即应用程序、驱动程序管理器、驱动程序和数据源四层，如图 6-2 所示。

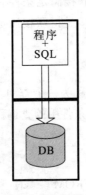

图 6-1　程序中嵌入数据库的应用

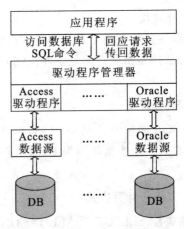

图 6-2　ODBC 数据库应用体系结构

在 ODBC 应用框架下，如果某个 DBMS 支持 ODBC，该 DBMS 则提供本数据库的驱动程序；而 Windows 操作系统提供管理驱动程序的程序以及支持应用程序访问的接口。为某个 DBMS 安装了驱动程序后，通过 ODBC 定义代表数据库的数据源，这样应用程序就通过 ODBC 发送访问该数据库的 SQL 命令，ODBC 将 SQL 命令请求发送到相应的数据源，数据源执行 SQL 命令之后，传回执行的结果。

由于 ODBC 规定了统一的格式，在 ODBC 的支持下，应用程序只需要按照格式编写 SQL 命令，就可以访问任何一种数据库。

ODBC 的出现和使用，使数据库的应用得到全面扩展。ODBC 一个最显著的优点是用它生成的程序与数据库或数据库引擎是无关的。ODBC 可使程序员方便地编写访问各 DBMS 厂商的数据库的应用程序，Web 服务器通过数据库驱动程序 ODBC 向数据库服务器发出 SQL 请求，数据库服务器接到的是标准的 SQL 查询语句，数据管理系统执行 SQL 查询并将查询结果通过 ODBC 传回 Web 服务器。

之后，微软公司发展了第二代数据访问技术 OLE DB（object linking and embedding database）。

6.3 习题6解答

一、单项选择题

(1) B (2) A (3) D (4) C (5) D (6) A (7) B (8) C (9) D (10) A

二、填空题

(1) 无须事先打开 (2) 表中的字段 (3) 函数 (4) 表格 (5) 假/false/0
(6) 1975 年 (7) 1970 年 (8) 动作查询 (9) 查询 (10)外联接

三、名词解释

(1) 表达式。

【参考答案】 所谓表达式,是由运算符和运算对象组成的完成运算求值的运算式。

(2) 参数。

【参考答案】 参数是一个标识符,相当于一个占位符。参数的值在执行命令时由用户输入确定。

(3) 查询对象。

【参考答案】 一般的 DBMS 在执行一个查询后,会得到一个查询结果数据集,这个数据集也是二维表,但数据库中并不将这个数据集(表)保存。Access 可以命名保存查询的定义,这就得到数据库的查询对象。

(4) 选择查询。

【参考答案】 用户从指定表中获取满足给定条件的记录。

(5) 动作查询。

【参考答案】 用户从指定表中筛选记录以生成一个新表,或者对指定表进行记录的更新、添加或删除等操作。

(6) SQL 视图。

【参考答案】 SQL 视图是一个窗口,是一个如同记事本的文本编辑器,在 SQL 视图中,以命令行方式输入 SQL 语句来表达查询,然后执行 SQL 语句以实现查询的目标。

(7) SQL 的独立使用方式。

【参考答案】 在数据库环境下用户直接输入 SQL 命令并立即执行。这种使用方式可立即看到操作结果,对测试、维护数据库极为方便,适合初学者学习 SQL。

(8) 查询对象。

【参考答案】 当用户将设计输入的查询命令命名保存,就成为 Access 数据库的查询对象。查询对象保存的是查询的定义,不是查询的结果。

(9) SQL 的更新功能。

【参考答案】 更新操作既不增加表中的记录,也不减少记录,而是更改记录的字段值。既可以对整个表的某个或某些字段进行修改,也可以根据条件针对某些记录修改字段的值。

(10) 删除查询。

【参考答案】 删除查询是指在指定的表中删除符合条件的记录。由于删除查询将永久地和不可逆地从表中删除记录,因此对于删除查询要特别慎重。

四、问答题

（1）应用查询的基本步骤是什么？

【参考答案】 应用查询的基本步骤是：

① 设计定义查询；

② 运行查询,获得查询结果集,这个结果集与表的结构一致；

③ 如果需要重复或在其他地方使用这个查询的结果,就将查询命名保存,这就得到一个查询对象。以后打开查询对象,就会立即执行查询并获得新的结果。因此,查询对象总与表中的数据保持同步。如果不保存查询命名,则查询和结果集都将消失。

（2）Access 的选择查询有哪两种基本用法？

【参考答案】 Access 的选择查询的两种基本用法是：一是根据条件,从数据库中查找满足条件的数据,并进行运算处理；二是对数据库进行重新组织,以支持用户的不同应用。

（3）试述 SQL 的主要特点。

【参考答案】 SQL 的主要特点如下。

① 高度非过程化,是面向问题的描述性语言。用户只需将需要完成的问题描述清楚,具体处理细节由 DBMS 自动完成,即用户只需表达"做什么",不用管"怎么做"。

② 面向表,运算的对象和结果都是表。

③ 表达简洁,使用词汇少,便于学习。SQL 定义和操作功能使用的命令动词只有 CREATE、ALTER、DROP、INSERT、UPDATE、DELETE 和 SELECT 这么几个。

④ 自主式和嵌入式的使用方式,方便灵活。

⑤ 功能完善和强大,集数据定义、数据操纵和数据控制功能于一身。

⑥ 所有关系数据库系统都支持,具有较好的可移植性。

总之,SQL 已经成为当前和将来 DBMS 应用和发展的基础。

（4）要进入 SQL 视图,首先要进入查询的设计视图,原因何在？

【参考答案】 SQL 视图本来是与设计视图对应的一种界面,Access 的本意是在设计视图中进行交互定义查询时,可以给用户查看对应的 SQL 语句,所以要进入 SQL 视图,首先要进入查询的设计视图。

（5）用户能在 SQL 视图的命令行界面完成什么？

【参考答案】 用户在这个窗口中可以完成：

① 输入、编辑 SQL 语句；

② 运行 SQL 语句并查看查询结果；

③ 保存 SQL 语句为查询对象；

④ 在 SQL 视图和设计视图之间转换界面。

这个窗口只能使用 SQL 命令语句,包括定义命令（CREATE、ALTER、DROP）、查询命令（SELECT）、更新命令（INSERT、UPDATE、DELETE）。

（6）SQL 语法中使用辅助性的符号,常用的有哪些符号？各自的含义是什么？

【参考答案】 在介绍命令语句的语法中使用了一些辅助性的符号,这些符号不是语句本身的一部分,而是语法的说明。它们的含义如下。

［ ］:表示被括起来的部分是可选部分。

＜ ＞：表示被括起来的部分必须由用户定义。

|：表示两项或多项必选其一。

…：表示 … 前的项目可重复。

语法中直接写出的、由大写字母组成的词汇：SQL 命令或保留字。

由小写字母组成的词汇或中文：由用户定义的自定义项。

（7）多表查询和单表查询相比，有哪些不同？

【参考答案】

多表查询和单表查询相比，有如下不同。

① 在 FROM 子句中，必须写卜查询所涉及的所有表名。有时可为表取别名。

② 必须增加表之间的联接条件（笛卡儿积除外）。联接条件一般是两个表中相同或相关的字段进行比较的表达式。

③ 由于多表同时使用，对于多个表中的重名字段，在使用时必须加表名前缀区分。而不重名字段无须加表名前缀。Access 自动生成的 SQL 命令所有字段都有表名前缀。

④ 多表查询要进行多表联接。多表联接只能两两联接，如三表联接的命令中，第一个联接子句要用括号，意为第 1 个表和第 2 个表连成一个表后，再与第 3 个表联接（见教材第 6 章例 6-16）。

（8）简述 SQL 的分组统计以及 HAVING 子句的使用方式。

【参考答案】

SQL 的分组统计以及 HAVING 子句的使用按如下方式进行。

① 设定分组依据字段，按分组字段值相等的原则进行分组，具有相同值的记录将作为一组。分组字段由 GROUP 子句指定，可以是一个，也可以是多个。

② 在输出列中指定统计集函数，分别对每一组记录按照集函数的规定进行计算，得到各组的统计数据。要注意，分组统计查询的输出列只由分组字段和集函数组成。

③ 如果要对统计结果进行筛选，将筛选条件放在 HAVING 子句中。

HAVING 子句必须与 GROUP 子句联用，对统计的结果进行筛选。HAVING 子句的＜逻辑表达式＞中可以使用集函数。

（9）SQL 的三表联接查询时，在 FROM 子句中有三个表和两个联接子句。第一个联接子句要用括号括起来，是什么意思？

【参考答案】 第 1 个表和第 2 个表连成一个表后，再与第 3 个表联接。

（10）简述 SQL 的内、外联接查询。

【参考答案】 SQL 将联接查询分为内联接（inner join）、左外联接（left join）和右外联接（right join），默认为内联接。内联接就是只查询两个联接表中满足联接条件的记录；左外联接就是除查询两个联接表中满足联接条件的记录外，还保留左边表的不满足联接条件的剩余全部记录；右外联接与左外联接的区别是保留右边表的不满足联接条件的剩余全部记录。

在查询结果中，左外联接保留的不满足联接条件的左表记录对应的右表输出字段处填上空值，右外联接保留的不满足联接条件的右表记录对应的左表输出字段处填上空值。

所以，用户可根据需要采用内联接或左外、右外联接。

五、写 SQL 命令

设学生管理库中有三个表：

学生：学号(C,10)，姓名(C,8)，性别(C,2)，生日(D,8)，民族(C,8)，籍贯(C,8)，专业编号(C,4)，简历(M,4)，照片(G,4)。

成绩：学号(C,10)，课程编号(C,6)，成绩(N,5.1)。

专业：专业编号(C,4)，专业名称(C,20)，专业类别(C,10)，学院编号(C,2)。

请写出完成以下功能的 SQL 命令。

（1）查询学生表中所有学生的姓名和籍贯信息。

【参考答案】 SELECT 姓名，籍贯　FROM 学生

（2）查询学生成绩并显示学生的全部信息和成绩的全部信息。

【参考答案】 SELECT 学生.＊，成绩.＊ FROM 学生 JOIN 成绩 ON 学生.学号＝成绩.学号

（3）查询学生所学专业的信息，显示学生的姓名、性别、生日，以及专业表的全部字段；同时显示尚未有学生就读的其他专业信息（提示：右外联接专业表）。

【参考答案】 SELECT 姓名、性别、生日，专业.＊，FROM 学生 RIGHT OUTER JOIN 专业 ON 学生.专业编号＝专业.专业编号

（4）查询成绩表中所有学生的学号和成绩信息。

【参考答案】 SELECT 学号，成绩　FROM 成绩

（5）查询学生所学专业并显示学生的全部信息和专业的全部信息。

【参考答案】 SELECT 学生.＊，专业.＊ FROM 学生 JOIN 专业 ON 学生.专业编号＝专业.专业编号

（6）显示全部学生信息以及他们的成绩信息，包括没有选课的学生信息（提示：左外联接成绩表）。

【参考答案】 SELECT 学生.＊，成绩.＊，FROM 学生 LEFT OUTER JOIN 成绩 ON 学生.学号＝成绩.学号

六、读命令回答问题

（1）以下命令是 SQL 多表联接查询：

```
SELECT 姓名,性别,生日,专业.*
FROM 学生 RIGHT OUTER JOIN 专业
ON 学生.专业编号=专业.专业编号;
```

请指出：

① 左表、右表的名称。

② 其联接方式是内联接还是外联接？如果是外联接，是左外、右外还是全外联接？

③ 查询结果记录的输出形式。

【参考答案】

① 左表是学生表，右表是专业表。

② 其联接方式是外联接中的右外联接。

③ 查询结果记录的输出形式是：学生表中的专业编号与专业表中的专业编号相等的记

录,以及专业表中专业编号与学生表中的专业编号不等的记录,这些联接后的输出记录的姓名,性别,生日字段下为 NULL。

(2) 以下命令是 SQL 多表联接查询:

SELECT 学生.*,专业.*

FROM 学生 INNER JOIN 专业

　ON 学生.专业编号=专业.专业编号;

请指出:

① 左表、右表的名称。

② 其联接方式是内联接,还是外联接中的左外、右外或全外联接?

③ 查询结果记录的输出形式。

【参考答案】

① 左表是学生表,右表是专业表。

② 其联接方式是内联接。

③ 查询结果记录的输出形式是:学生表中的专业编号与专业表中的专业编号相等的记录。

(3) 以下命令是 SQL 多表联接查询:

SELECT 学生.*,成绩.*

FROM 学生 LEFT OUTER JOIN 成绩

　ON 学生.学号=成绩.学号;

请指出:

① 左表、右表的名称。

② 其联接方式是内联接,还是外联接中的左外、右外或全外联接?

③ 查询结果记录的输出形式。

【参考答案】

① 左表是学生表,右表是成绩表。

② 其联接方式是外联接中的左外联接。

③ 查询结果记录的输出形式是:学生表中的学号与成绩表中的学号相等的记录,以及学生表中学号与成绩表中的学号不等的记录,这些联接后的输出记录的左边字段完整,右边成绩表各字段下为 NULL。

(4) 以下命令是 SQL 多表联接查询:

SELECT 学生.*,成绩.*

FROM 学生 FULL OUTER JOIN 成绩

　ON 学生.学号=成绩.学号;

请指出:

① 左表、右表的名称。

② 其联接方式是内联接,还是外联接中的左外、右外或全外联接?

③ 查询结果记录的输出形式。

【参考答案】

① 左表是学生表,右表是成绩表。

② 其联接方式是外联接中的全外联接。

③ 查询结果记录的输出形式是：学生表中的学号与成绩表中的学号相同的记录，以及学生表中学号与成绩表中的学号不同的记录，即学生表和成绩表的全部记录。

 ## 6.4 实验题 6 解答

实验题 6-1 SQL 查询环境

在机器上使用 SQL 实现名为"6-1"的 Access 查询对象，要求是：

执行本查询对象，输入的参数是你的生日，如 1996-11-28，然后显示现在的时间和你愉快生活的天数。

【操作步骤参考】

在机器上实现 Access 使用 SQL 的环境，即进入 SQL 视图窗口。

SQL 命令：PARAMETERS［你的生日］DATETIME ；

SELECT now() AS 现在的时间 ，date()-［你的生日］AS 你愉快生活的天数 ；

如图 6-3 所示。

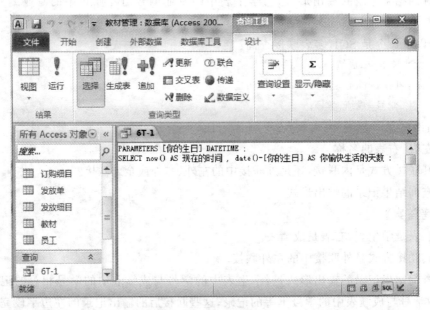

图 6-3　SQL 视图窗口

若今天是 2015 年 8 月 25 日(系统日期)，执行命令，输入值和结果如图 6-4 和图 6-5 所示。

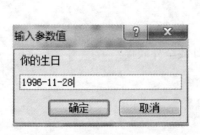

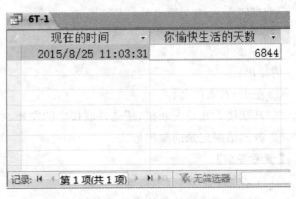

图 6-4　"输入参数值"对话框　　　　　**图 6-5　运行结果示意图**

存储该命令为查询对象,单击快速工具栏"保存"按钮 ![save]，弹出"另存为"对话框。在文本框中输入查询对象名"实验题 6-1",单击"确定"按钮,就会在数据库中创建一个查询对象,并出现在导航窗格中。以后只要打开查询对象,就会去执行相应的命令并要求输入生日参数。

在输入文本框中,注意直接输入日期本身,要符合日期的写法,不要加上日期常量标识"♯",该标识只有在命令中直接写日期常量时才用。

实验题 6-2　SQL 逻辑运算

对主教材中的例 6-7 进行实验认证。

在 SQL 视图中输入并执行如下逻辑运算命令:

```
SELECT -3+5*20/4>10 and "ABC"<"123" or #2013-08-08#<date() ;
```

本例是一个综合表达式的运行,若当天的日期(系统日期)是 2015 年 8 月 25 日,执行结果是什么?

【操作步骤参考】

在机器上进入 SQL 视图窗口,录入 SQL 命令:

```
SELECT -3+5*20/4>10 and "ABC"<"123" or #2013-08-08#<  date() ;
```

如图 6-6 所示。

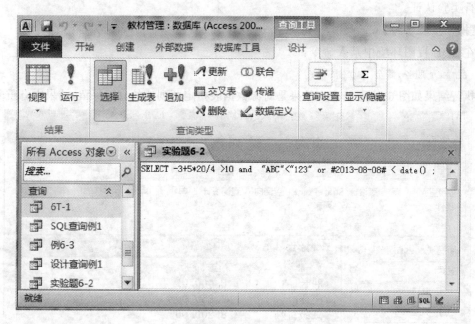

图 6-6　SQL 视图窗口

运行结果如图 6-7 所示。请分析为什么结果为—1(也就是为真)?

单击快速工具栏上的"保存"按钮 ![save]，弹出"另存为"对话框。在文本框中输入查询对象名"实验题 6-2",单击"确定"按钮,就会在数据库中创建一个名为"实验题 6-2"的查询对象。

实验题 6-3　查询员工 1

对主教材中的例 6-10,查询员工表,输出"职务"和"薪金",但要去掉结果中的重复行。

图 6-7 运行结果

请进行实验认证。

【操作步骤参考】

在 SQL 视图环境中录入命令：

SELECT 职务,薪金 FROM 员工;

执行结果如图 6-8 所示,查询结果是对源数据表指定两列值的直接保留,结果中有重复行。

图 6-8 执行结果有重复行

为去掉重复行,在输出列前增加子句 DISTINCT。输入命令:

```
SELECT DISTINCT 职务,薪金
FROM 员工;
```

DISTINCT 子句的作用就是去掉查询结果表中的重复行。命令的语义可理解为"查询员工表中所有职务及各职务的不同薪金"。这项内容请同学们在上机实验中完成,给出去掉查询结果表中的重复行的查询数据表视图,如图 6-9 所示。

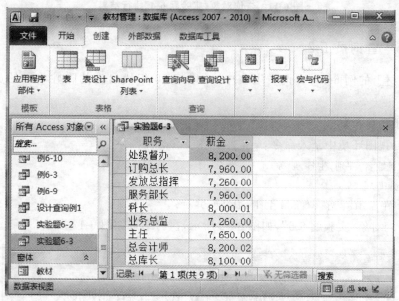

图 6-9　去掉查询结果中的重复行

实验题 6-4　查询计算机类教材

对主教材上的例 6-13,查询所有清华大学出版社(编号 1010)出版的计算机类的教材信息。

【操作步骤参考】

在 SQL 视图环境中录入命令:

```
SELECT *
    FROM 教材
    WHERE 出版社编号="1010" and 教材类别="计算机"
```

完成查询对象"实验题 6-4",如图 6-10 所示,执行结果如图 6-11 所示。

图 6-10　查询对象"实验题 6-4"

图 6-11　查询对象"实验题 6-4"执行结果

实验题 6-5　查询员工 2

对主教材上的例 6-14,查询员工表中 20 世纪 90 年代出生的陈姓单名的员工的有关数据。

【操作步骤参考】

在 SQL 视图环境中录入命令:

SELECT 姓名,性别,生日,职务

FROM 员工

WHERE 姓名 LIKE "陈?" and 生日 LIKE "199*";

完成查询对象"实验题 6-5",如图 6-12 所示,执行结果如图 6-13 所示。

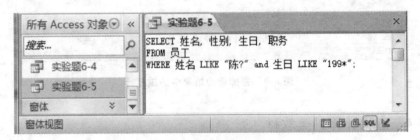

图 6-12　查询对象"实验题 6-5"

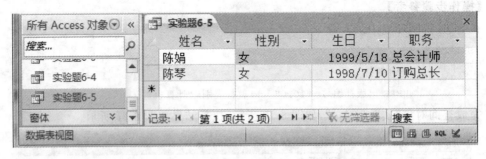

图 6-13　查询对象"实验题 6-5"执行结果

实验题 6-6　查询员工 3

对主教材上的例 6-14,查询员工表中"总"字级(如总会计师、总库长等)、薪金为 8 开头的员工数据并按生日升序输出。

【操作步骤参考】

在 SQL 视图环境中录入命令:

```
SELECT *
        FROM 员工
        WHERE 职务 IN ("总会计师","总库长","订购总长","业务总监") and 薪金 LIKE "8*"
ORDER BY 生日；
```

完成查询对象"实验题6-6",如图6-14所示,执行结果如图6-15所示。

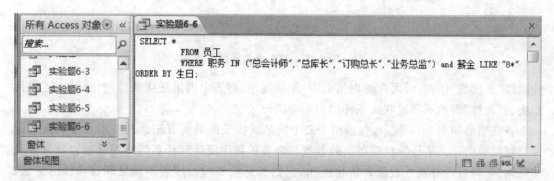

图 6-14 查询对象"实验题 6-6"

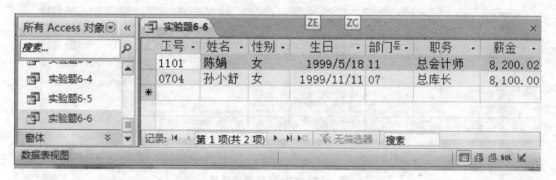

图 6-15 查询对象"实验题 6-6"执行结果

实验题 6-7 查询教材

查询库存计算机类教材数据及其发放数据。输出教材编号、教材名、作者、定价、进教材折扣(教材表中的折扣)、库存数量(教材表中的数量)、发放数量(发放细目表中的数量)、售价折扣。

【操作步骤参考】

本题要将"教材"表与"发放细目"表联接起来,就可以看出教材的订购(库存)和发放数量对比。

但是,普通联接运算只能将主键、外键相等的记录值连起来,如果某种计算机教材没有发放数量,则看不到相应的教材信息。为此,本题用左外联接运算功能解决。

命令:
```
SELECT 教材.教材编号,教材名,作者,定价,教材.折扣 AS 进教材折扣,
教材.数量 AS 库存数量,发放细目.数量 AS 发放数量,发放细目.售价折扣
FROM 教材 LEFT JOIN 发放细目 ON 教材.教材编号=发放细目.教材编号
WHERE 教材类别='计算机';
```

SQL 查询视图如图 6-16 所示。

这是左外联接 LEFT JOIN 运算,左表是"教材"表,右表是"发放细目"表。"教材"表左

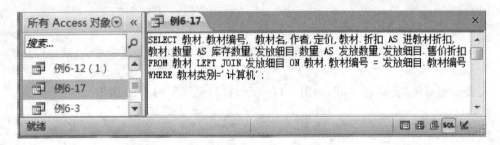

图 6-16 SQL 查询视图

外联接"发放细目"表,因而在查询结果中,除联接左、右表中满足联接条件的记录外,还保留左边表"教材"表的不满足联接条件的剩余全部记录。

查询结果如图 6-17 所示,包括两个表中满足联接条件的所有记录及左边表中剩余的记录。可以看出,《大学计算机基础实践教程》《计算机程序设计》《计算机应用基础》《数据库及其应用》等教材没有发放数量和售价折扣,它们都是左表"教材"表不满足联接条件的记录,即结果中这些记录的右边(右表相应字段)为空(NULL)。

教材编号	教材名	作者	定价	进教材折扣	库存	发放数量	售价折扣
5601455407	计算机应用基础	刘腾红何友鸣	20	.6	5550		
7031200330	大学计算机基础	刘腾红何友鸣	30		8000	30	.800000011920929
7031200331	大学计算机基础	刘腾红何友鸣	18		8000		
7031233105	C/C++/Visual(方辉云何友鸣	33.8		8000	50	.699999988079071
7031233106	C/C++/Visual(方辉云何友鸣	5.8		8000	200	.800000011920929
7031233107	C/C++/Visual(方辉云何友鸣	19.9		8000	30	.699999988079071
7031247578	计算机程序设计	何友鸣	36		5000		
7201115329	计算机应用基础	刘腾红何友鸣	35	.3	5550		
7201115330	计算机应用基础	刘腾红何友鸣	33	.600000023841858	5550		
7201455330	计算机应用基础	刘腾红何友鸣	20	.600000023841858	5550		
7302135632	数据库及其应用	肖勇	36	.699999988079071	800		

图 6-17 左外联接查询结果

在左外联接的查询结果中,左表的记录全部保留:除查询两个联接表中满足联接条件的记录外,还保留左边表的不满足联接条件的剩余全部记录,这些记录涉及右表的字段为空值;保留的不满足联接条件的左表记录对应的右表输出字段处填上空值。

实验题 6-8 两种命令的分析

主教材上例 6-21 中 HAVING 子句完成平均薪金在 8000 元以下的部门的查询,有两种命令,我们用实验来分析这两种命令的不同。

命令 1:

```
SELECT 员工.部门号,部门名,COUNT(*) AS 人数,AVG(薪金) AS 平均薪金
FROM 员工 INNER JOIN 部门 ON 员工.部门号=部门.部门号
GROUP BY 员工.部门号,部门名
HAVING AVG(薪金)<8000;
```

命令 2:

```
SELECT 员工.部门号,部门名,COUNT(*) AS 人数,AVG(薪金) AS 平均薪金
FROM 员工 INNER JOIN 部门 ON 员工.部门号=部门.部门号
WHERE 薪金<8000
GROUP BY 员工.部门号,部门名;
```

【操作步骤参考】

（1）进入主教材管理数据库界面，在功能区选择"创建"（单击），进入"创建"选项卡。

（2）选择"查询设计"按钮（单击），Access 将进入初始查询工作界面。首先弹出"显示表"对话框。

（3）关闭"显示表"对话框，进入查询设计视图。单击左上角的 SQL 视图，输入"命令1"，保存为"命令 1"查询。

（4）进入设计视图，自动显示的查询设计视图如图 6-18 所示。

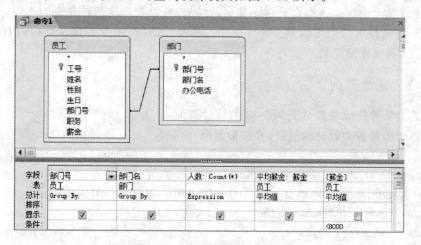

图 6-18　命令 1 的查询设计视图

（5）单击工具栏上的"运行"按钮 ，Access 执行查询。SQL 视图界面变成查询结果的显示界面，运行结果如图 6-19 所示。

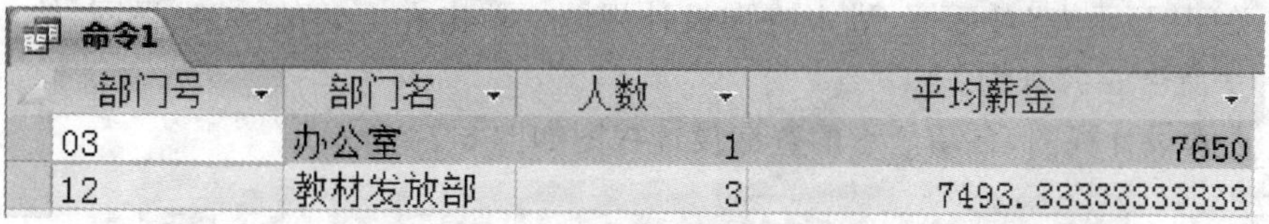

部门号	部门名	人数	平均薪金
03	办公室	1	7650
12	教材发放部	3	7493.33333333333

图 6-19　命令 1 的运行结果

（6）建立命令 2 的 SQL 视图，保存为"命令 2"查询。自动显示的查询设计视图如图 6-20 所示，运行结果如图 6-21 所示。

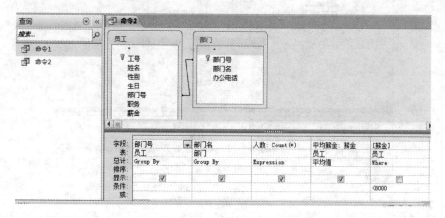

图 6-20　命令 2 的查询设计视图

73

部门号	部门名	人数	平均薪金
03	办公室	1	7650
11	订购和服务部	1	7960
12	教材发放部	3	7493.33333333333

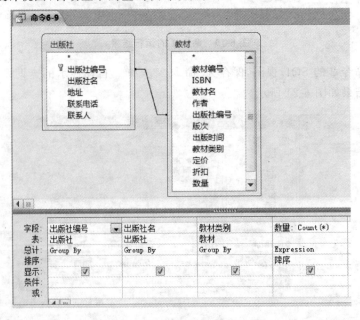

图 6-21　命令 2 的运行结果

(7) 比较两个命令的查询设计视图和运行结果，可以看出这两种命令的不同。

命令 1 是先行求部门平均薪金小于 8000，再合计部门，命令 2 是对部门内有薪金小于 8000 的员工，就统计部门数。

实验题 6-9　统计查询

在机器上实验完成主教材上例 6-23 的统计查询。

统计各出版社各类教材的数量，并按数量降序排列。

命令：

```
SELECT 出版社.出版社编号,出版社名,教材类别,COUNT(*) AS 数量
FROM 出版社 INNER JOIN 教材 ON 出版社.出版社编号=教材.出版社编号
GROUP BY 出版社.出版社编号,出版社名,教材类别
ORDER BY COUNT(*) DESC;
```

【操作步骤参考】

(1) 进入教材管理数据库界面，在功能区选择“创建”(单击)，进入“创建”选项卡。

(2) 选择“查询设计”按钮(单击)，Access 将进入初始查询工作界面。首先弹出“显示表”对话框。

(3) 关闭“显示表”对话框，进入查询设计视图。单击左上角的 SQL 视图，输入上述命令，保存为“命令 6-9”查询。

(4) 进入设计视图，自动显示的查询设计视图如图 6-22 所示。

图 6-22　命令 6-9 的查询设计视图

（5）单击工具栏上的"运行"按钮，Access 执行查询。SQL 视图界面变成查询结果的显示界面，运行结果如图 6-23 所示。

命令6-9			
出版社编号 ▾	出版社名 ▾	教材类别 ▾	数量 ▾
1002	高等教育出版	基础	2
2705	华中科大出版	数学	1
2703	湖北科技出版	新闻	1
2703	湖北科技出版	软件	1
1013	中国铁道出版	数学	1
1013	中国铁道出版	计算机	1
1010	清华大学出版	计算机	1
1005	人民邮电出版	计算机	1
1005	人民邮电出版	基础	1
1002	高等教育出版	信息	1

图 6-23　命令 6-9 的运行结果

实验题 6-10　嵌套子查询

在机器上实验完成主教材上嵌套子查询的一些例题。

【例 6-24】 查询暂时还没有发放的教材信息。

命令：

```
SELECT*
    FROM 教材
    WHERE 教材.教材编号 <>ALL ( SELECT 教材编号 FROM 发放细目 );
```

命令中的"<> ALL"运算改为"NOT IN"也是可以的。

【例 6-25】 查询单次发放最多的教材，输出教材名、出版社编号、发放数量。

命令：

```
SELECT 教材名,出版社编号,发放细目.数量 AS 发放数量
FROM 教材 INNER JOIN 发放细目 ON 教材.教材编号=发放细目.教材编号
WHERE 发放细目.数量=( SELECT MAX(数量) FROM 发放细目 );
```

【例 6-27】 在查询时输入员工姓名，查询与该员工职务相同的员工的基本信息。

这个例子中，由于编写命令时不能确定员工姓名，所以可定义参数来实现。

命令：

```
SELECT  *  FROM 员工
            WHERE 职务=( SELECT 职务 FROM 员工
                            WHERE 姓名=[XM] );
```

【例 6-28】 查询有哪些部门的平均薪金超过全体人员的平均薪金水平。

命令：

```
SELECT 员工.部门号,部门名,AVG(薪金)
    FROM 员工 INNER JOIN 部门 ON 员工.部门号=部门.部门号
    GROUP BY 员工.部门号,部门名
    HAVING AVG(薪金)>(SELECT AVG(薪金)
                        FROM 员工);
```

子查询求出所有员工平均薪金，然后主查询按部门分组求各部门平均工资并与子查询结果比较。

【操作步骤参考】

（1）进入教材管理数据库界面，在功能区选择"创建"（单击），进入"创建"选项卡。

（2）选择"查询设计"按钮（单击），Access 将进入初始查询工作界面。首先弹出"显示表"对话框。

（3）关闭"显示表"对话框，进入查询设计视图。单击左上角的 SQL 视图，分别输入例题中的命令，保存为"命令 6-24"查询、"命令 6-25"查询、"命令 6-27"查询、"命令 6-28"查询。

（4）进入设计视图，"命令 6-24"查询自动显示的查询设计视图如图 6-24 所示。

"命令 6-25"查询自动显示的查询设计视图如图 6-25 所示。

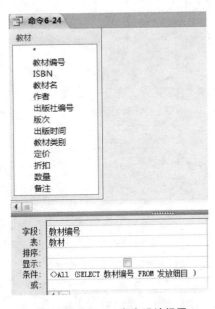

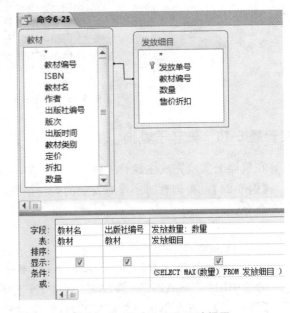

图 6-24　例 6-24 查询设计视图　　　　　图 6-25　例 6-25 查询设计视图

"命令 6-27"查询自动显示的查询设计视图如图 6-26 所示。

"命令 6-28"查询自动显示的查询设计视图如图 6-27 所示

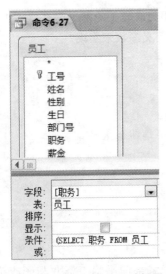

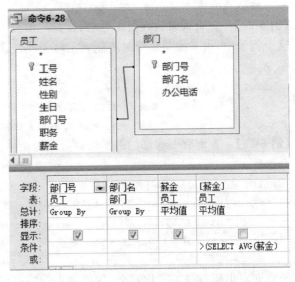

图 6-26　例 6-27 查询设计视图　　　　　图 6-27　例 6-28 查询设计视图

（5）单击工具栏上的“运行”按钮 ! ，Access 执行查询。SQL 视图界面变成查询结果的显示界面，例 6-24 的运行结果如图 6-28 所示。

命令6-24

教材编号	ISBN	教材名	作者	出版社编号	版次	出版时间	教材类别	定价	折扣	数量	备注
34233001	ISBN7-12-50	微积分（上）	马建新	2705	1	2011	数学	¥29.00	.6	13000	
34233005	ISBN7-113-8	高等数学	石辅天	1013	1	2010	数学	¥23.00	.8	3000	
*											

图 6-28 例 6-24 的运行结果

例 6-25 的运行结果如图 6-29 所示。

命令6-25

教材名	出版社编号	发放数量
大学计算机基础	1005	200

图 6-29 例 6-25 的运行结果

例 6-27 的运行结果如图 6-30 所示。

例 6-28 的运行结果如图 6-31 所示。

命令6-27

工号	姓名	性别	生日	部门号	职务	薪金
1101	陈娟	女	1999/5/18	11	总会计师	8,200.02
*						

图 6-30 例 6-27 的运行结果

命令6-28

部门号	部门名	薪金之平均值
01	教材科	8000.01
04	财务室	8200.01
07	书库	8100
11	订购和服务部	8080.01

图 6-31 例 6-28 的运行结果

实验题 6-11 选择查询

基于第 5 章实验题 5-2 所完成的图书销售系统数据库的设计和创建，在设计视图中创建一个选择查询：根据输入日期查询销售数据并保存为查询对象，输出：售书日期、书名、定价、售书数量、售价折扣、金额。

图书销售系统的关系模型如下。

① 部门（部门编号，部门名，办公电话）。

② 员工（工号，姓名，性别，生日，部门编号，职务，薪金）。

③ 出版社（出版社编号，出版社名，地址，联系电话，联系人）。

④ 图书（图书编号，ISBN，书名，作者，出版社编号，版次，出版时间，图书类别，定价，折扣，数量，备注）。

⑤ 售书单(<u>售书单号</u>,售书日期,工号)。

⑥ 售书明细(<u>售书单号</u>,<u>图书编号</u>,序号,数量,售价折扣)。

【操作步骤参考】

这是一个在查询中执行计算的问题,可以参阅主教材 6.5.2 节的"5. 在查询中执行计算"。

这些数据放在图书、售书单、售书明细表内。除金额外,其他都可以从表上获得,金额的值等于"售书数量×定价×售价折扣"。

进入设计视图,将售书单、售书明细、图书这三个表依次加入到设计视图中,然后依次定义字段。分别将"售书日期、书名、定价、数量、售价折扣"放入"字段"栏内,同时自动设置了"表"栏和"显示"栏。

在最后一列输入:[售书明细].[数量]*[定价]*[售价折扣]

这时,Access 自动调整并为该表达式命名。由于查询的售书日期要由用户输入,于是在"售书日期"列的"条件"栏输入参数:[RQ]。

将最后一列"表达式 1"重命名,替换为"金额",完成整个设计,如图 6-32 所示。

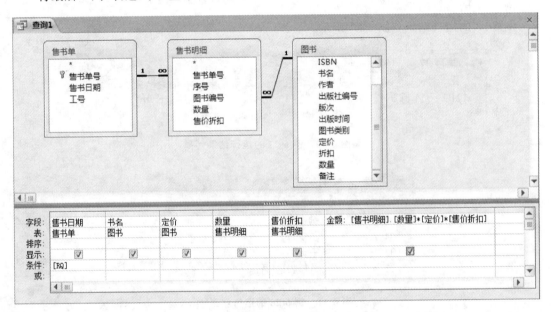

图 6-32　查询设计视图定义有表达式的查询

单击"保存"按钮,在"另存为"对话框中输入查询名"根据日期查询售书数据"。

运行该查询,首先弹出"输入参数值"对话框,输入日期,然后就会在"数据表视图"中显示查询结果。

还可以在 SQL 视图中见到 SQL 命令。

实验题 6-12　更新查询

基于第 5 章实验题 5-2 所完成的图书销售系统数据库的设计和创建,在设计视图中创建一个更新查询:对"业务员"员工的薪金增加 5%。

【操作步骤参考】

参阅主教材 6.6.3 节更新查询的例 6-48。

操作过程如下。

打开图书销售.accdb。

（1）启动查询设计视图，将"员工"表添加到查询设计视图中。

（2）在查询设计视图中，将"职务"字段加入设计网格中，并在"条件"栏输入条件"业务员"，可以运行查看结果。

（3）单击功能区"查询类型"栏中"更新"按钮，在设计网格中增加"更新到"栏。

（4）将"薪金"字段加入设计网格中，在对应的"更新到"栏中输入更新表达式："[薪金]*1.05"。

如图 6-33 所示。

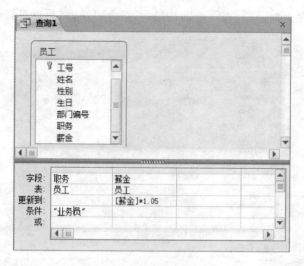

图 6-33 更新查询设计视图

（5）若单击工具栏上的"保存"按钮，可命名保存更新查询为查询对象。

（6）若单击"运行"按钮，弹出更新记录提示框，如图 6-34 所示。单击"是"按钮，更新表中记录；若单击"否"按钮，不执行更新查询。

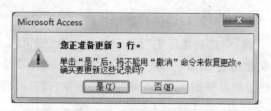

图 6-34 更新操作提示对话框

可在数据表视图中浏览被更新的表。还有一种更快捷有效的方法，就是在功能区选择"选择查询"按钮（单击），Access 将新查询变为选择查询。运行这个选择查询，便会看到更新结果。

需要说明的是，在"更新查询"设计网格的"更新到"行中，可以同时为几个字段输入更新表达式，从而同时为多个字段进行更新修改操作。

实验题 6-13 删除查询

基于第 5 章实验题 5-2 所完成的图书销售系统数据库的设计和创建，在设计视图中创建一个删除查询,删除"图书"表中"2005年1月"以前出版的图书。

【操作步骤参考】

参阅主教材6.6.4节更新查询的例6-49。

建立删除查询的基本操作步骤如下。

打开图书销售.accdb。

(1)进入查询设计视图,添加"图书"表到设计视图中。

(2)单击功能区"查询类型"栏"删除"按钮,设计网格中增加"删除"栏。"删除"栏包含"Where"和"From"。通常设置Where为关键字,以确定记录的删除条件。

(3)在查询设计视图中定义删除条件,如图6-35所示。由于删除操作的危害性,可以先设计等价条件的选择查询,运行查看查询结果,若符合要求,然后再设置删除条件。

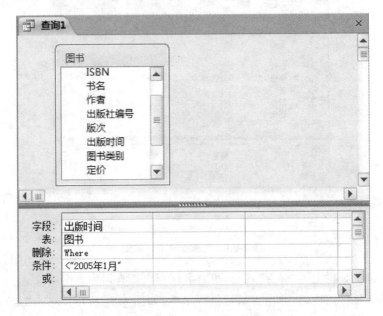

图6-35 删除查询设计视图

(4)单击工具栏上的"保存"按钮,将保存删除查询为查询对象。

(5)若执行该删除查询,单击功能区的"运行"按钮。弹出删除记录提示框,如图6-36所示。单击"是"按钮,完成在指定"图书"表中删除满足条件记录的操作。不过,若记录被引用,则应遵循参照完整性的删除规则。单击"否"按钮,不执行删除操作。

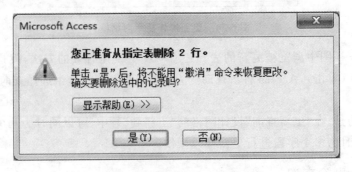

图6-36 删除操作提示对话框

6.5　课外习题及解答

一、单项选择题

(1) SQL-89 标准发布的年代是　【B】

A. 1988 年　　　　　　B. 1989 年　　　　　　C. 1990 年　　　　　　D. 1991 年

(2) SQL 语法符号中,表示前面的项目可重复多次的符号是　【D】

A. [ ]　　　　　　　　B. < >　　　　　　　　C. |　　　　　　　　D. …

(3) SQL 命令中,被< >括起来的部分表示　【D】

A. SQL 命令或保留字　　　　　　　　　　B. 由用户定义项

C. 可选项　　　　　　　　　　　　　　　D. 需要进一步展开或定义的项

(4) SQL 语法符号中,表示需要进一步展开或定义的符号是　【B】

A. [ ]　　　　　　　　B. < >　　　　　　　　C. |　　　　　　　　D. …

(5) SQL 命令中,小写字母组成的词汇表示　【B】

A. SQL 命令或保留字　　　　　　　　　　B. 由用户定义项

C. 可选项　　　　　　　　　　　　　　　D. 需要进一步展开或定义的项

(6) SQL 表达式中,表示对数值进行取整的函数是　【B】

A. ABS(数值)　　　B. INT(数值)　　　C. SIN(数值)　　　D. EXP(数值)

(7) 以下关于视图的说法中,不正确的是　【C】

A. 视图是一个"虚表"

B. 视图是从一个或多个表中按照一个查询的规定抽取的数据组成的表

C. 视图是一个物理实表而不是"虚表"

D. 视图这个表并不真正存在

(8) SQL 表达式中,表示求以 e 为底的指数的函数是　【D】

A. ABS(数值)　　　B. INT(数值)　　　C. SIN(数值)　　　D. EXP(数值)

(9) 用于在文本数据类型字段中定义数据的查找匹配模式的运算是　【C】

A. BETWEEN-AND　B. IN　　　　　　C. LIKE　　　　　D. IS NULL

(10) 下列常用函数中,用于求最小值的函数是　【B】

A. ABS( )　　　　　B. MIN( )　　　　　C. MAX( )　　　　　D. MOD( )

二、填空题

(1) Access 数据库将查询分为选择查询和动作查询两大类。

(2) 从查询功能上划分,Access 查询的 5 种类别为:选择查询、参数查询、交叉表查询、操作查询和SQL 查询。

(3) SQL 是集数据定义、数据操作和数据控制功能于一身的功能完善的数据库语言。

(4) 表之间联接的方式有内联接、左外联接、右外联接。默认为内联接。

(5) 在命令执行过程中固定不变的量称为常量。

(6) 字符型常量是用双引号或单引号等定界符括起来的字符串。

(7) 表达式是由常量、变量和函数通过特定的运算符联接起来的式子。

（8）SQL 是完整的数据库语言，除数据库的定义、查询功能外，还包括对数据库的维护更新功能。

（9）SQL 的查询功能非常强大，但 SQL 的查询功能只有一条命令，那就是 SELECT 命令。

（10）参数查询不是独立的查询类型。

三、名词解释

（1）查询。

【参考答案】 在关系型数据库中，查询有广义和狭义两种解释。广义的解释，使用 SQL 对数据库进行管理、操作，都可以称为查询。狭义的查询是指数据库操作功能中查找所需数据的操作。

（2）更新查询。

【参考答案】 更新查询是在指定的表中对满足条件的记录进行更新操作。

（3）SQL。

【参考答案】 structured query language，结构化查询语言。

（4）SQL 的嵌入使用方式。

【参考答案】 将 SQL 命令嵌入到高级语言程序中，作为程序的一部分来使用。

（5）生成表查询。

【参考答案】 生成表查询是把从指定的表或查询对象中查询出来的数据集生成一个新表。

四、问答题

（1）什么是交叉表查询？

【参考答案】 交叉表查询是 Access 支持的一种特殊的汇总查询。

（2）什么是参数？什么是参数查询？

【参考答案】 在设计各类查询时，如果用到很确定的值，就直接使用其常量。但有时在设计查询时不能确定一个数据的确切值，只有在运行查询时由用户输入，因此可以将这个数据定义为参数。参数可以用在所有查询操作需要输入值的地方，使用参数的查询就是参数查询。

（3）参数有哪些定义方式？

【参考答案】 参数有两种定义方式。

① 在查询中直接写出的名称标识符，该标识符不是字段名等已有的名称。

② 为避免混淆，可以将作为参数的标识符用"[ ]"括起来。

（4）什么是交叉表查询？

【参考答案】 交叉表查询是 Access 支持的一种特殊的汇总查询。

五、写 SQL 命令

设学生管理库中有三个表：

课程：课程编号(C,6)，课程名(C,20)，课程类别(C,10)，学分(N,3)，学院编号(C,2)。

学院：学院编号(C,2)，学院名(C,16)，院长(C,6)。

成绩:学号(C,10),课程编号(C,6),成绩(N,5.1)。

请写出完成以下功能的 SQL 命令:

(1)查询课程表中所有课程的课程名称和学分信息。

【参考答案】 SELECT 课程名,学分 FROM 课程

(2)查询课程在各学院的分布信息并显示学院名和院长信息,以及课程的全部信息和。

【参考答案】 SELECT 学院名,院长,课程.* FROM 学院 JOIN 课程 ON 学院.学院编号＝课程.学院编号

(3)查询学院表中所有学院的学院名称和院长信息。

【参考答案】 SELECT 学院名,院长 FROM 学院

(4)查询学生的学号及其所学的课程编号和该课程的课程名,并显示学号和课程的全部信息。

【参考答案】 SELECT 成绩.学号,课程.* FROM 成绩 JOIN 课程 ON 成绩.课程编号＝课程.课程编号

第7章 窗 体 对 象

7.1 学习指导

窗体即表单,form。

窗体是 Access 数据库应用中一个非常重要的工具,是用户与 Access 应用程序之间的主要接口。

窗体一般是建立在表或查询基础上的,窗体本身不存储数据。

(一)学习目的

窗体是 Access 数据库的 6 个对象之一,是用户对数据库中数据进行操作的理想工作界面。通过窗体,用户可以方便地输入、编辑、显示和查询数据,自己构造出方便美观的输入/输出界面。

通过本章的学习,熟悉窗体的概念及窗体的组成。

通过本章的学习,掌握创建窗体的方法,即窗体的设计,同时学习面向对象程序设计的简单方法,学好窗体控件设计。

通过本章的学习,掌握使用设计器创建窗体的方法。

(二)学习要求

本章主要介绍 Access 中窗体的基本概念和基本操作。窗体是 Access 数据库的一个有用的对象,是用户对数据库中数据进行操作的理想工作界面。通过窗体,用户可以方便地输入、编辑、显示和查询数据,构造操作方便、美观的输入/输出界面。

1. 9-6-5-3-3 指标

Access 提供了多种类型的窗体,分别是纵栏式窗体、表格式窗体、数据表窗体、数据透视表窗体、数据透视图窗体、图表窗体和主/子窗体,还有单页式窗体、多页式窗体和弹出式窗体。

Access 提供了 6 种不同的窗体视图,分别是设计视图、窗体视图、布局视图、数据表视图、数据透视表视图和数据透视图视图。可以在这些视图中进行切换。窗体的视图可以用来确定窗体的创建、修改和显示的方式。

一般窗体由 5 大部分组成:页眉节、页面页眉节、主体节、页面页脚节、页脚节。在创建和设计窗体时,大部分窗体只选择主体节,这也是创建窗体时默认的结构形式。

Access 创建窗体有 3 类方法:自动创建窗体、窗体向导、在设计视图中创建窗体。

自动创建窗体和利用窗体向导创建窗体都是根据系统的引导和提示完成创建窗体的过程,使用设计视图创建窗体则根据用户的需要自行设计窗体。

使用自动创建窗体或通过窗体向导创建窗体,快捷而简单,但是只能创建一些简单窗体,在实际应用中远远不能满足用户需求,而且某些类型的窗体无法用向导创建。

使用设计器创建的窗体更符合用户的要求,更加美观。

创建窗体包括定义窗体和创建控件,其中控件的创建是主要内容。

Access 的控件有 3 种类型:绑定型、非绑定型和计算型。

可以通过控件来美化窗体,提高窗体的功能。本章介绍了标签、文本框、列表框、组合框、命令按钮、复选框、选项按钮、切换按钮、选项卡等常用控件,以及对控件的常用属性和事件的设置。

通过窗体的设计视图,用户可以创建任何所需的窗体,并且通过对窗体或窗体元素进行编程,可以实现各种数据处理和程序控制的功能。另外,也可以对已经创建的窗体进行修改。因此,使用设计视图,是创建窗体最强大的工具。

2. 进阶顺序

在了解窗体的概念后,我们开始学自动创建窗体和利用窗体向导创建窗体的方法,然后学习使用设计视图创建窗体的方法。

在使用设计视图创建窗体时,有时需要对有些控件或窗体的行为进行控制。例如,单击命令按钮或者关闭窗体后要打开对话框等,这时就需要对控件或窗体编程。在 Access 中,采用的是面向对象程序设计(object-oriented programming,简称 OOP)方法。所以,我们要学习面向对象的程序设计基础概念,如类、对象、属性、事件、方法等。具体编程方法将在第 8 章介绍。

 7.2 习题 7 解答

一、单项选择题

(1) A (2) C (3) B (4) D (5) B (6) C (7) D (8) B (9) A (10) C

二、填空题

(1) 主体 (2) 控件 (3) 计算型 (4) 属性 (5) 控件 (6) 对象 (7) 工具箱
(8) 连续窗体 (9) 主体节 (10) 表

三、名词解释题

(1) 窗体的数据源。

【参考答案】 若创建的窗体用于对表的数据进行操作,则需要为窗体添加数据源。数据源可以是一个或多个表或查询。

(2) 面向对象程序设计的对象。

【参考答案】 面向对象程序设计的对象是构成程序的基本单元和运行实体。在 Access 的窗体设计中,面向对象程序设计的对象有一个窗体、一个标签、一个文本框、一个命令按钮等。

(3) 面向对象程序设计的事件。

【参考答案】 面向对象程序设计的事件是指由用户操作或系统触发的一个特定操作。

(4) 面向对象程序设计的方法。

【参考答案】 面向对象程序设计的方法通常指事先编写好的处理对象的过程,代表对象能够执行的动作。

(5) 数据透视表。

【参考答案】 数据透视表是一种交叉式的表,它可以按设定的方式进行计算,如求和、计数、求平均值等。在使用的过程中用户可以根据需要改变版面布局。

(6) 数据透视图。

【参考答案】 数据透视图是以图形方式显示数据汇总和统计结果,可以直观地反映数据汇总信息,形象表达数据的变化。

(7) 计算型控件。

【参考答案】 计算型控件与含有数据源字段的表达式相关联,表达式可以使用窗体或报表中数据的字段值,也可以使用窗体或报表中其他控件中的数据。

（8）非绑定型控件。

【参考答案】 控件与表中字段无关联。当使用非绑定控件输入数据时,可以保留输入的值,但是不会更新表中字段的值。

（9）模式窗体。

【参考答案】 所谓模式窗体,是当该窗体打开后,用户只能操作该窗体直到其关闭,而不能同时操作其他窗体或对象。

（10）表格式窗体。

【参考答案】 以表格的方式显示已经格式化的数据,一次可以显示多条记录数据,所有的字段名称全部出现在窗体的顶端。

四、问答题

（1）窗体由哪几个部分组成？创建窗体时默认结构中只包括哪个部分？如何添加其他部分？

【参考答案】 完整的窗体结构包括窗体页眉节、页面页眉节、主体节、页面页脚节、窗体页脚节等。在创建和设计窗体时,大部分窗体只选择主体节,这也是创建窗体时默认的结构形式。在"视图"菜单中选择"页面页眉/页脚"或"窗体页眉/页脚"命令（单击）即可。页面页眉和页面页脚、窗体页眉和窗体页脚,都是成对出现的。

（2）Access 中提供了几种不同的窗体视图,各种窗体视图的作用是什么？

【参考答案】 Access 中提供了 5 种不同的窗体视图,并可以在这些视图中进行切换。

① 窗体的"设计"视图用于显示窗体的设计方案,在该视图中可以创建新的窗体,也可以对已有窗体的设计进行修改。

② 窗体的"窗体"视图可以显示来自数据源的一个或多个记录,也可以添加和修改表中的数据。在"窗体"视图中打开窗体后,"窗体"视图工具栏变成可用的。

③ 窗体的"数据表"视图以行列格式显示来自窗体中的数据,在该视图中可以编辑字段,也可以添加、删除数据。

④ 窗体的"数据透视表"视图用于汇总并分析数据表或窗体中的数据,可以通过拖动字段和项,或者通过显示和隐藏字段的下拉列表中的项,来查看不同级别的详细信息或指定布局。

⑤ 窗体的"数据透视图"视图用于显示数据表或窗体中数据的图形分析,可以通过拖动字段和项,或者通过显示和隐藏字段的下拉列表中的项,来查看不同级别的详细信息或指定布局。

（3）利用自动创建窗体的方法可以创建哪几种类型的窗体？

【参考答案】 利用自动创建窗体可以创建 5 种窗体:纵栏式、表格式、数据表、数据透视表、数据透视图等窗体。

（4）在面向对象程序设计中,什么是对象？举例说明。

【参考答案】 在面向对象的程序设计中,对象是构成程序的基本单元和运行实体。现实世界中的事物均可以抽象为对象,如一个学生、一本书,都是对象。

（5）什么是对象的属性值？

【参考答案】 对象的属性值是描绘对象的外观和特征的信息,例如标题、字体、位置、大小、颜色、是否可用等。

(6) 什么是绑定型控件？举例说明。

【参考答案】 绑定型控件可以和表或查询中的字段绑定，主要用于显示、输入或更新字段的值，如文本框、列表框、组合框等控件可以和表或查询中的字段绑定。

(7) 什么是计算型控件？哪个控件常用来作为计算型控件？

【参考答案】 计算型控件使用表达式作为数据源。表达式可以利用窗体中所引用的表或查询中字段的数据，也可以是窗体中其他控件中的数据。如文本框可以作为计算型控件，将计算结果输入到文本框中。

(8) 输入掩码的作用是什么？

【参考答案】 如果输入的数据是密码，将显示一串 * 号，掩盖密码的显示。

(9) 列表框与组合框有什么区别？

【参考答案】 列表框与组合框之间的区别有以下两点：

① 列表框任何时候都显示它的列表，而组合框平时只能显示一个数据，待用户单击它的下拉箭头后才能显示下拉列表。

② 组合框实际上是列表框和文本框的组合，用户可以在其文本框中输入数据。

(10) 在创建控件时，如果想利用控件向导来创建，应先按下控件工具箱中的哪个按钮？

【参考答案】 在控件工具箱中先按下"控件向导"按钮，在后面的操作中才出现向导窗。

7.3 实验题 7 解答

实验题 7-1 自动创建窗体

基于第 5 章实验题 5-2 所创建的图书销售.accdb 数据库中的"图书"表为数据源，用自动创建窗体的方法（使用"窗体"按钮）创建 "图书"窗体。

【操作步骤参考】

请参阅主教材 7.2.1 节的"1. 使用"窗体"按钮创建窗体"。

(1) 打开图书销售数据库，在导航窗格中选定"图书"表。

(2) 在功能区"创建"选项卡"窗体"组中选择"窗体"按钮 （单击），Access 自动创建窗体，并以布局视图显示该窗体，如图 7-1 所示。

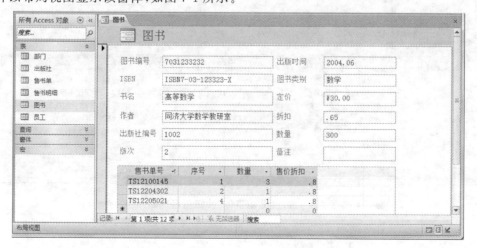

图 7-1 通过"窗体"工具按钮创建窗体示例

（3）若需要保存该窗体，单击工具栏上的"保存"按钮，弹出"另存为"对话框。在该对话框中为窗体命名，然后关闭窗体，完成窗体设计。

在布局视图中，可以在窗体显示数据的同时对窗体进行修改。

如果创建窗体的表与其他的表或查询具有一对多的关系，Access 将在窗体中添加一个子窗体来显示与之发生关系的数据。例如本例中，"图书"表和"销售明细"表之间存在一对多的关系，因此，在窗体中添加了显示图书的销售信息的子窗体。

用户可通过该窗体查看每条图书的信息及其销售的信息。

实验题 7-2　创建分割窗体

基于第 5 章实验题 5-2 所创建的图书销售.accdb 数据库中的"员工"表为数据源，创建分割窗体。

【操作步骤参考】

参阅主教材 7.2.1 节的"2.创建分割窗体"。

（1）在图书销售数据库窗口的导航窗格中选定"员工"表。

（2）在功能区"创建"选项卡"窗体"组中选择"其他窗体"下拉按钮（单击），拉出其他窗体列表，如图 7-2 所示。

图 7-2　其他窗体下拉列表

（3）在下拉列表中选择"分割窗体"按钮（单击），Access 自动创建分割窗体，并以布局视图显示该窗体。因为"性别"字段定义了"查阅"功能，所以性别的"男""女"值都会出现。选中"性别"行后调整行距，结果如图 7-3 所示。

（4）关闭并保存窗体，完成窗体设计。

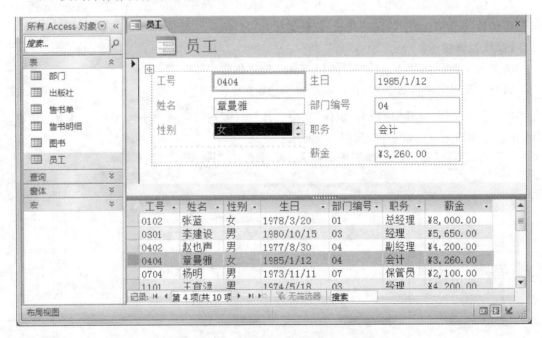

图 7-3　通过"分割窗体"按钮创建窗体

实验题 7-3 使用"多个项目"创建窗体

基于第 5 章实验题 5-2 所创建的图书销售.accdb 数据库中的"员工"表为数据源,使用"多个项目"创建窗体。

【操作步骤参考】

参阅主教材 7.2.1 节的"3. 使用"多个项目"创建窗体"。

(1) 在图书销售数据库窗口的导航窗格中选定"员工"表。

(2) 在功能区"创建"选项卡"窗体"组中选择"其他窗体"下拉按钮(单击),拉出其他窗体列表,如图 7-2 所示。

(3) 在下拉列表中选择"多个项目"按钮(单击),Access 自动创建多个项目窗体,并以布局视图显示此窗体。调整"性别"字段行距,如图 7-4 所示。

(4) 关闭并保存窗体,完成窗体设计。

图 7-4 通过"多个项目"按钮创建窗体

实验题 7-4 创建数据透视表窗体

基于第 5 章实验题 5-2 所创建的图书销售.accdb 数据库中的"员工"表为数据源,创建数据透视表窗体。要求按照"部门"分类,统计各部门、各职务男、女职工的人数。

【操作步骤参考】

参阅主教材 7.2.2 节的"1. 创建数据透视表窗体"。

实验任务是:在图书销售数据库中,对于员工信息,创建数据透视表窗体,按照"部门"分类,统计各部门、各职务的男、女职工的人数。

因为要以部门名分类,首先在图书销售数据库中建立一个查询,将"部门"表与"员工"表联接起来,命名为"部门与员工"查询,组成查询的 SQL 语句如下:

```
SELECT 部门.*,工号,姓名,性别,职务
FROM 部门 INNER JOIN 员工 ON 部门.部门编号= 员工.部门编号;
```

然后,按照如下步骤操作:

(1) 在导航窗格的查询对象中选定"部门与员工"。

(2) 在功能区"创建"选项卡"窗体"组中选择"其他窗体"下拉按钮(单击),拉出其他窗体列表,如图 7-2 所示。

(3) 在下拉列表框中选择"数据透视表"按钮,单击,打开"数据透视表"设计窗格。在窗口内单击(或者单击右键,在快捷菜单中选择"字段列表"),显示"数据透视表字段列表"对话框。

(4) 将数据透视表所用字段拖到指定的区域中,如图 7-5 所示。

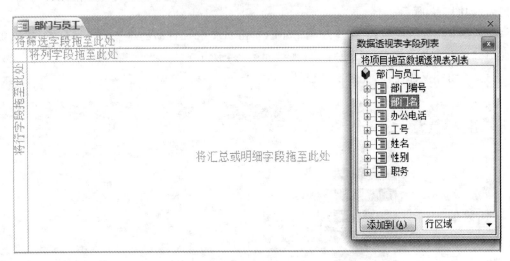

图 7-5 数据透视表设计界面

将"部门名"字段拖到左上角的"将筛选字段拖至此处"区域,将"职务"字段拖到"将行字段拖至此处"区域,将"性别"字段拖到"将列字段拖至此处"区域,将"姓名"拖到汇总区域。

(5) 关闭"数据透视表字段列表"对话框,在"姓名"处单击右键,在弹出的快捷菜单中选择"自动计算|计数"命令(单击),数据透视表窗体设计完成。若不希望显示员工姓名的详细信息,可单击功能区"数据透视表工具"选项卡中"显示与隐藏"组"隐藏详细信息"按钮,结果如图 7-6 所示。

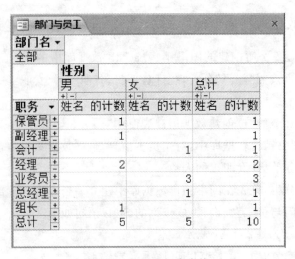

图 7-6 数据透视表窗体

数据透视表的内容可以导出到 Excel。单击功能区"数据"组"导出到 Excel"按钮，Access 将启动 Excel 并自动生成表格，可以将其保存为 Excel 文件。

实验题 7-5　创建数据透视图窗体

基于第 5 章实验题 5-2 所创建的图书销售.accdb 数据库，创建数据透视图窗体，将各部门员工按职务统计男、女职工的人数。

【操作步骤参考】

参阅主教材 7.2.2 节的"2. 创建数据透视图窗体"。

在图书销售数据库中选择"员工"表（双击），显示员工表数据表视图，如图 7-7 所示。为使数据透视图更醒目，对其员工表的数据进行修改，将"章曼雅"的"会计"职务改为"经理"，将"石破天"的"组长"职务改为"业务员"。关闭窗口。

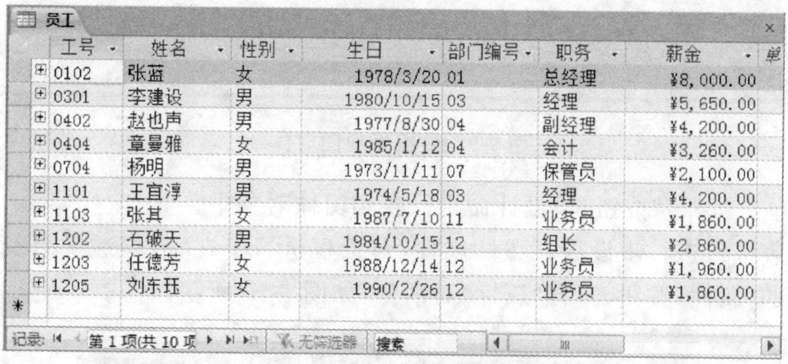

工号	姓名	性别	生日	部门编号	职务	薪金
0102	张蓝	女	1978/3/20	01	总经理	¥8,000.00
0301	李建设	男	1980/10/15	03	经理	¥5,650.00
0402	赵也声	男	1977/8/30	04	副经理	¥4,200.00
0404	章曼雅	女	1985/1/12	04	会计	¥3,260.00
0704	杨明	男	1973/11/11	07	保管员	¥2,100.00
1101	王宜淳	男	1974/5/18	03	经理	¥4,200.00
1103	张其	男	1987/7/10	11	业务员	¥1,860.00
1202	石破天	男	1984/10/15	12	组长	¥2,860.00
1203	任德芳	女	1988/12/14	12	业务员	¥1,960.00
1205	刘东珏	女	1990/2/26	12	业务员	¥1,860.00

记录: ◀ 第 1 项(共 10 项) ▶ ▶▶ ▷ 无筛选器　搜索

图 7-7　"员工"表数据表视图

然后，按照以下步骤操作：

（1）在图书销售数据库的导航窗格的"查询"组中选定"部门与员工"。

（2）在功能区"创建"选项卡"窗体"组中选择"其他窗体"下拉按钮（单击），在下拉列表框中选择"数据透视图"按钮（单击），打开数据透视图设计窗格。同时显示"图表字段列表"对话框。

（3）在字段列表中，将数据透视图所用字段拖到指定区域中。将"部门名"字段拖到左上角的筛选字段区域，将"职务"字段拖到下部分类字段区域，将"性别"字段同时拖到右边系列字段区域和上部数据字段区域，如图 7-8 所示。

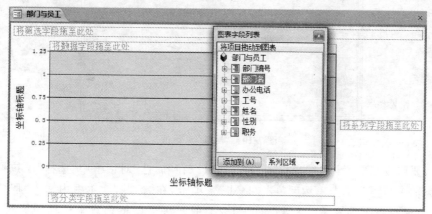

图 7-8　数据透视图设计视图

（4）关闭"图表字段列表"对话框，显示数据透视图窗体，如图 7-9 所示。

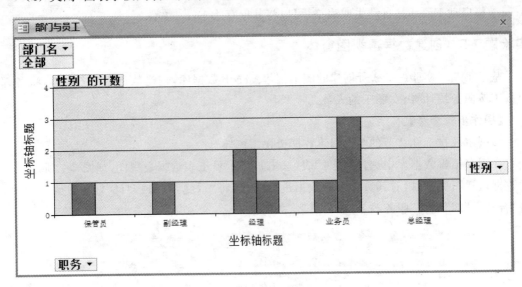

图 7-9　数据透视图窗体

（5）可以单击"保存"按钮，将设计命名保存到窗体对象中。

可以对图表进行进一步设置，通过"属性"对话框进行。在"数据透视图工具"选项中单击"工具"组中的"属性"按钮，打开"属性"对话框，如图 7-10 所示。

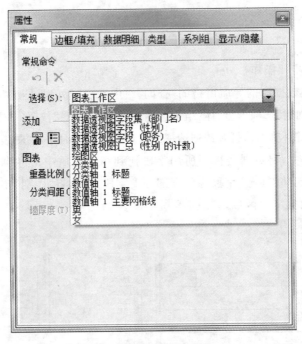

图 7-10　"属性"对话框

例如，要修改图 7-9 中水平坐标轴的标题，可以在"属性"对话框中"选择"下拉列表框中选择"分类轴 1 标题"（单击），然后单击"格式"选项卡，在"标题"文本框内输入"职务类别"，则更改了数据透视图的水平坐标轴的标题。类似方法可以将垂直坐标轴的标题改为"人数"。用户还可以设置图表的其他属性。

在数据透视表窗体和数据透视图窗体中,使用左上角的筛选按钮可以查看指定部门的有关统计数据。

实验题 7-6　使用向导创建纵栏式窗体

基于第 5 章实验题 5-2 所创建的图书销售.accdb 数据库,利用向导创建查询"部门与员工"的纵栏式窗体。

【操作步骤参考】

参阅主教材 7.2.2 节的"3. 创建纵栏式窗体"。

操作步骤如下:

(1) 在图书销售数据库窗口内,在功能区"创建"选项卡"窗体"组中选择"窗体向导"(单击),打开"窗体向导"对话框,如图 7-11 所示。

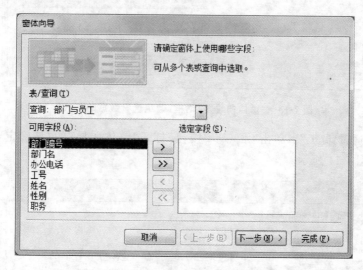

图 7-11　"窗体向导"对话框(确定字段)

(2) 在"窗体向导"对话框的"表/查询"下拉框中选择"查询:部门与员工",然后单击按钮 ⟩⟩ ,将"可用字段"列表中的全部字段加入到"选定字段"列表中,如图 7-12 所示。

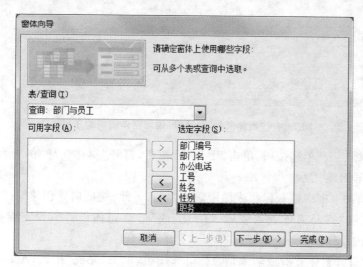

图 7-12　"窗体向导"对话框(选定字段)

（3）单击"下一步"按钮，打开"窗体向导"的"请确定查看数据的方式"对话框，如图 7-13 所示。

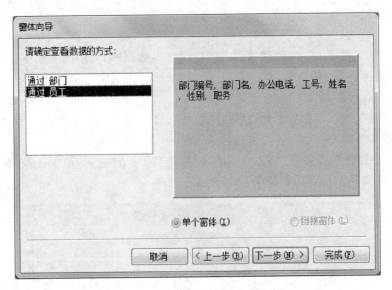

图 7-13 "窗体向导"对话框（确定查看数据的方式）

（4）选择"通过 员工"。单击"下一步"按钮，打开"窗体向导"的"请确定窗体使用的布局"对话框，如图 7-14 所示。

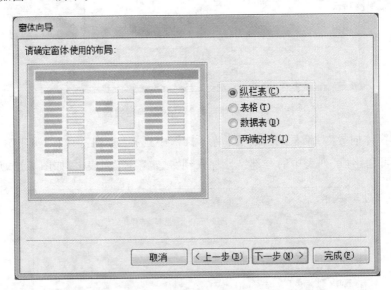

图 7-14 "窗体向导"对话框（确定窗体使用的布局）

（5）选中"纵栏表"单选按钮，单击"下一步"按钮，打开"窗体向导"的"请为窗体指定标题"对话框，如图 7-15 所示。

（6）在标题文本框中输入标题或使用默认标题，至此，使用向导创建窗体过程完毕。然后，选择单选按钮"打开窗体查看或输入信息"或"修改窗体设计"，设定窗体创建完成后 Access 要执行的操作。

这里选择"打开窗体查看或输入信息"单选按钮，单击"完成"按钮，Access 自动打开窗体，以"纵栏表"的格式查看"部门与员工"的数据。

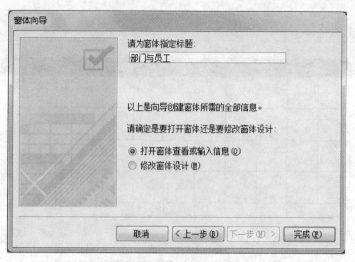

图 7-15 "窗体向导"对话框(为窗体指定标题)

实验题 7-7 文本框应用

在设计视图中创建有文本框的窗体。

基于第 5 章实验题 5-2 所创建的图书销售.accdb 数据库,使用设计视图设计一个窗体,用绑定文本框和非绑定文本框显示员工的工号、姓名、性别和年龄。

【操作步骤参考】

参阅主教材 7.2.3 节的"4. 常用控件的使用"下的例 7-7。

操作步骤如下:

(1) 进入图书销售数据库窗口,在"创建"选项卡的"窗体"组中选择"窗体设计"按钮(单击),打开窗体的设计视图。

(2) 选择"员工"表作为数据源。单击"工具"组中"属性表"按钮,打开窗体的"属性表"对话框,选择"数据"选项卡,在"记录源"栏下拉列表中选择"员工"表,如图 7-16 所示。

(3) 创建绑定型文本框显示"工号"和"姓名"。

操作方法是:选择"工具"组"添加现有字段"按钮(单击),打开"字段列表"对话框,如图 7-17 所示,将"工号"和"姓名"字段拖动到窗体的适当位置,在窗体中产生两组绑定型文本框和关联标签,分别与"员工"表中的"工号"和"姓名"字段相关联,如图 7-18 所示。

图 7-16 "属性表"对话框

图 7-17 "字段列表"对话框

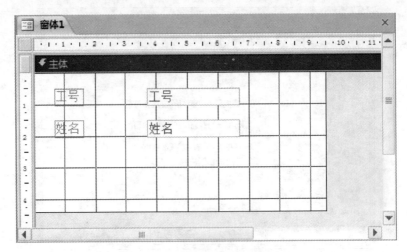

图 7-18　窗体 1 设计视图（绑定型文本框）

（4）创建非绑定型文本框。单击"控件"组的控件向导按钮，使其处于按下状态，然后单击"文本框"控件按钮，在窗体内拖动鼠标添加一个文本框，系统将自动打开"文本框向导"对话框，如图 7-19 所示。

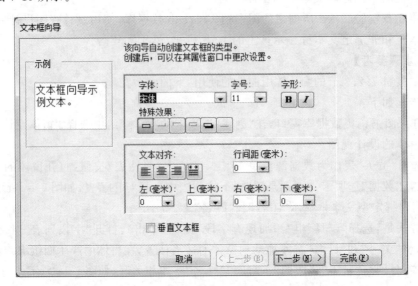

图 7-19　"文本框向导"对话框（文本框类型）

（5）使用该对话框设置文本的字体、字号、字形、对齐方式和行间距等，然后单击"下一步"按钮，打开图 7-20 所示对话框，为文本框指定输入法模式。

（6）为获得焦点的文本框指定输入法模式，有 3 种模式可供选择，分别是随意、输入法开启和输入法关闭。选择"随意"，然后单击"下一步"按钮，打开图 7-21 所示的对话框，输入文本框名称。

（7）输入文本框的名称"性别"，单击"完成"按钮，返回窗体设计视图，如图 7-22 所示。

（8）将未绑定型文本框绑定到字段。选择刚添加的文本框（单击右键），在快捷菜单中选择"属性"，打开"属性"对话框。选择"数据"选项卡，在"控件来源"属性下拉列表框中选择"性别"，完成文本框与"性别"字段的绑定。

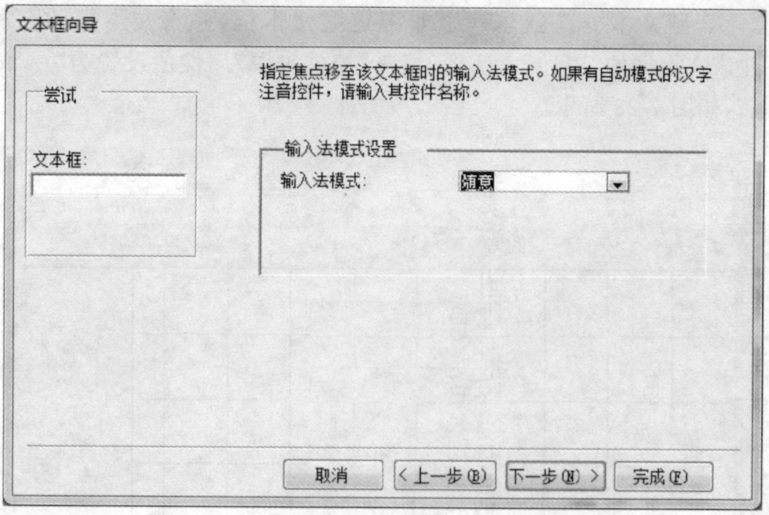

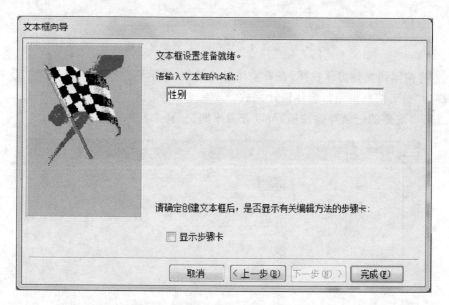

图 7-20 "文本框向导"对话框（输入法模式设置）

图 7-21 "文本框向导"对话框（输入文本框的名称）

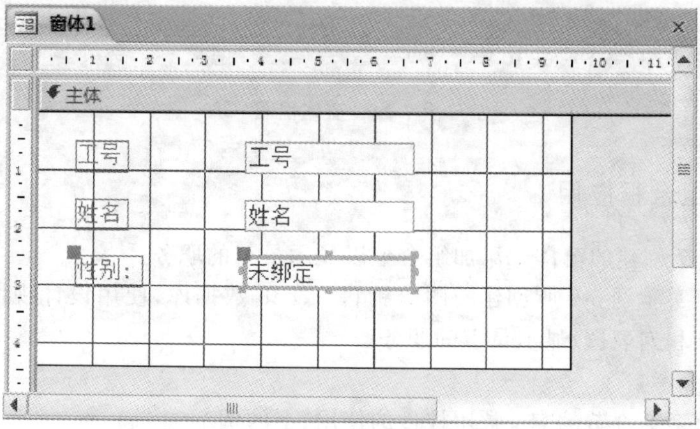

图 7-22 窗体 1 设计视图（未绑定型文本框）

(9) 创建计算型文本框。创建一个非绑定型文本框,并将文本框的名称设置为"年龄:",然后打开该文本框的"属性"对话框,将其"控件来源"属性值设置为"＝Year(Date())-Year([生日])",如图 7-23 所示。

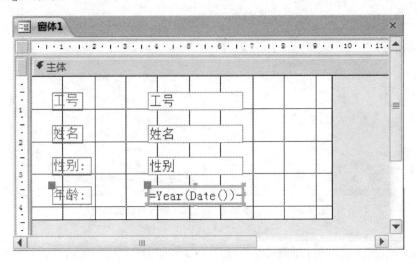

图 7-23　窗体 1 设计视图(计算型文本框)

(10) 将窗体切换到窗体视图,查看窗体运行结果,显示结果如图 7-24 所示。保存窗体,窗体名称为"员工信息浏览",窗体设计完成。

通过窗口底部的记录导航按钮,可以查看不同记录。

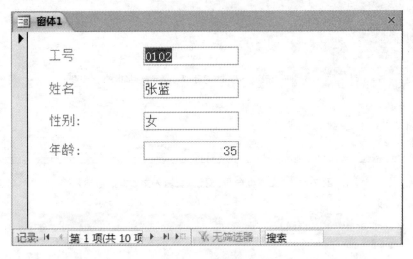

图 7-24　窗体视图

实验题 7-8　组合框应用

在实验题 7-7 创建的窗体中添加组合框以显示员工的职务。

基于第 5 章实验题 5-2 所创建的图书销售.accdb 数据库,使用设计视图设计的一个窗体内,用组合框(和列表框)显示员工的职务。

【操作步骤参考】

参阅主教材 7.2.3 节的"4. 常用控件的使用"下的例 7-8。

操作步骤如下:

（1）在导航窗格中选中窗体"员工信息浏览"（双击打开），切换到"设计视图"。

（2）在窗体设计工具的"控件"组中单击组合框控件![icon]，在窗体内拖动鼠标添加一个组合框，系统自动打开"组合框向导"对话框，如图 7-25 所示。

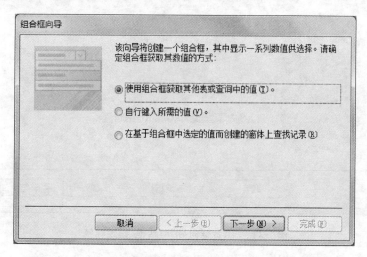

图 7-25　"组合框向导"对话框（确定组合框获取其数值的方式）

（3）确定组合框获取数据的方式。

方式有 3 种："使用组合框获取其他表或查询中的值""自行键入所需的值"或"在基于组合框中选定的值而创建的窗体上查找记录"。本例选择"自行键入所需的值"。

注意，若选择"使用组合框获取其他表或查询中的值"作为组合框获取其值的方式，则组合框中的值将来自于表或查询中指定的字段。

（4）单击"下一步"按钮，打开图 7-26 所示的对话框，确定组合框中显示的数据和列表中所需列数以及输入所需值。在列表框中输入"职务"的值分别为"总经理、经理、会计、业务员"等，同时选择列数为 1。

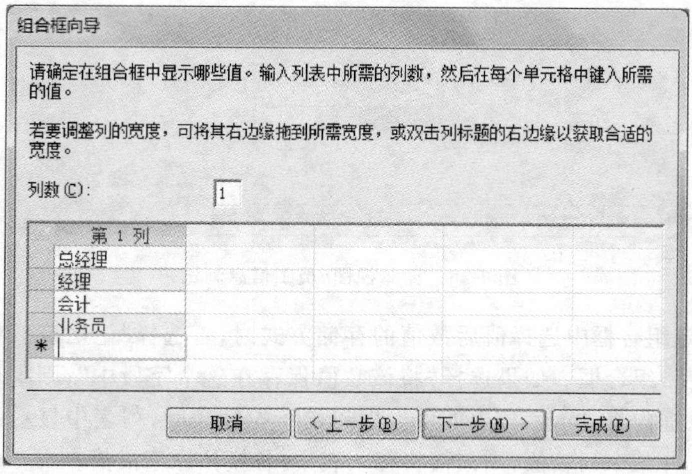

![图7-26]

图 7-26　"组合框向导"对话框（确定显示值）

（5）单击"下一步"按钮，打开图 7-27 所示对话框，确定组合框中选择值后的存储方式。Access 可以将从组合框中选定的值存储在数据库中，也可以记忆该值供以后使用。选择"将该数值保存在这个字段中"，同时在下拉列表框中选择"职务"字段。

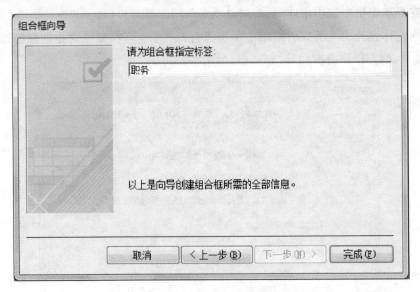

图 7-27 "组合框向导"对话框（指定标签）

（6）单击"下一步"按钮，为组合框指定标签，在文本框中输入"职务"，将显示组合框的附加标签标题为"职务"。

单击"完成"按钮，返回窗体设计视图，组合框控件添加完成。切换到窗体视图，可以看到，对组合框进行操作时，组合框中显示的是前面设置的数值，如图 7-28 所示。

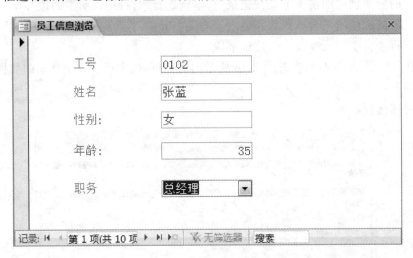

图 7-28 窗体视图（员工信息浏览）

说明：在确定组合框中选择值后数值的存储方式时，若选择"记忆该值供以后使用"，则组合框是非绑定型组合框。如果选择"将该数值保存在这个字段中"，则组合框是绑定型组合框。这时组合框内将显示字段中的值。但单击下拉列表时，列表中显示的将是用户定义的那一组值。选择某个列表值，则该值将存入表中，替换掉原字段值。

实验题 7-9 命令按钮应用

在实验题 7-7 和实验题 7-8 创建的"员工信息浏览"窗体中添加一组命令按钮，用于移动记录。

基于第 5 章实验题 5-2 所创建的图书销售.accdb 数据库,在已建的"员工信息浏览"窗体中,添加一组命令按钮,用于移动记录。

【操作步骤参考】

参阅主教材 7.2.3 节的"4. 常用控件的使用"下的例 7-9。

操作步骤如下:

(1) 打开"员工信息浏览"窗体,切换到设计视图。

(2) 在"控件"组中选中命令按钮控件 xxxx (单击),在窗体下面空白处拖动鼠标添加一个命令按钮,系统将自动打开"命令按钮向导"对话框,如图 7-29 所示。

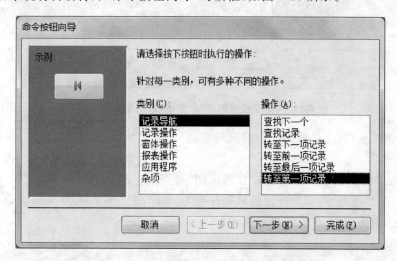

图 7-29 "命令按钮向导"对话框(选择类别和操作)

(3) 选择按钮的类别以及按下按钮时产生的动作。在"类别"列表框中选择"记录导航",在"操作"列表框中选择"转至第一项记录"。

(4) 单击"下一步"按钮,打开图 7-30 所示的对话框,确定按钮的显示方式。

可以将命令按钮设置为两种形式:文本型按钮或图片型按钮。单击单选框"文本",将命令按钮设置为文本型按钮。还可以修改命令按钮上显示的文本。

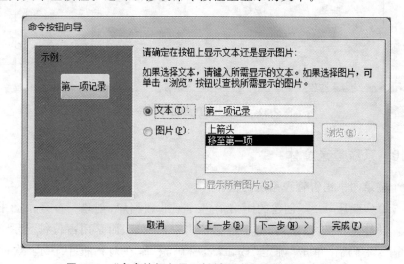

图 7-30 "命令按钮向导"对话框(确定按钮的显示方式)

(5)单击"下一步"按钮,打开图 7-31 所示的对话框。

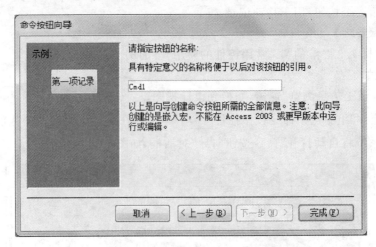

图 7-31 "命令按钮向导"对话框(指定按钮的名称)

指定按钮的名称(这里输入命令按钮的名称"Cmd1"),单击"完成"按钮,命令按钮设置完成。

(6)重复步骤(2)~(5)。向窗体分别添加"转至下一项记录""转至前一项记录"和"转至最后一项记录"等按钮,命令按钮的名称分别为"Cmd2""Cmd3"和"Cmd4",命令按钮设置完成。切换到窗体视图,显示结果如图 7-32 所示。

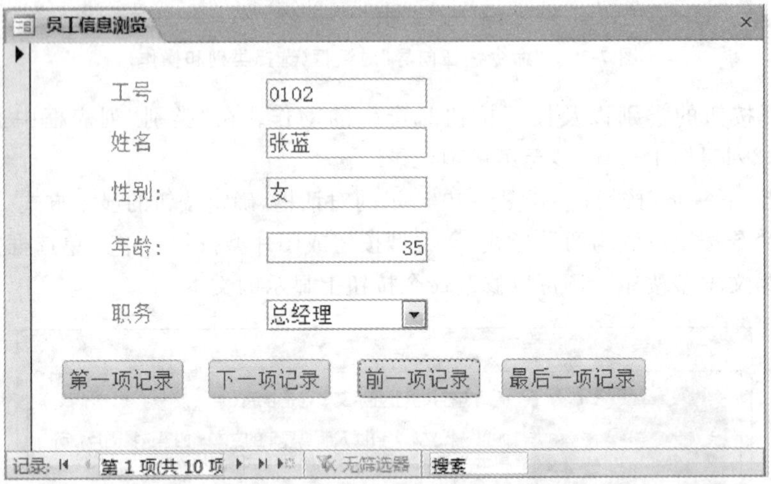

图 7-32 窗体视图(应用命令按钮)

实验题 7-10 系统登录窗体

创建一个登录图书销售管理系统的窗体。

基于第 5 章实验题 5-2 所创建的图书销售.accdb 数据库,创建一个登录图书销售管理系统的窗体。功能是:在输入密码时,不应显示出密码信息,而是用占位符表示。设置三个命令按钮。输入密码后,单击"确定"按钮,若密码正确,在对话框中显示"欢迎使用本系统!";若不正确,在对话框中显示"登录名或密码错误!"。单击"重新输入"按钮,使输入密码的文本框获得焦点。单击"退出"按钮,关闭窗体。窗体效果如图 7-33 所示。

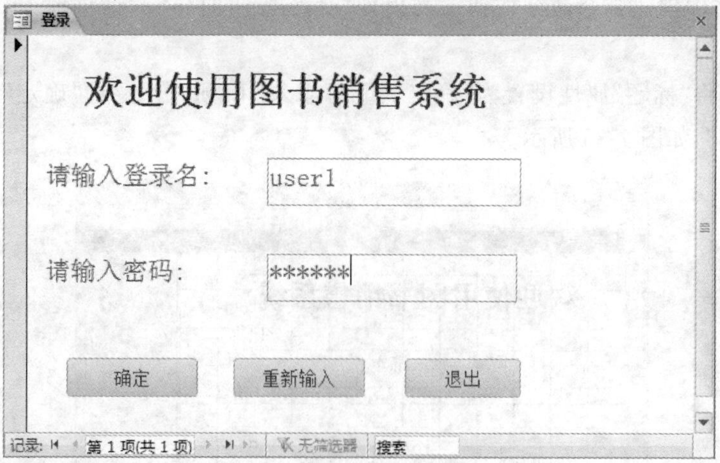

图 7-33 "登录"窗体

【操作步骤参考】

参阅主教材 7.2.3 节的例 7-10。

设计基本步骤如下：

(1) 进入数据库窗口，启动窗体设计视图。

(2) 创建 1 个标签控件，输入"欢迎使用图书销售系统"标题。在标签"属性表"中选择"格式"选项卡中的"字号"栏，设置为 24，"前景色"设为"黑色文本"。

(3) 创建 2 个文本框控件。文本框关联的标签分别为"请输入登录名:""请输入密码:"，字号为 16。

(4) 选定输入密码文本框，在"属性表"的"数据"选项卡中选中"输入掩码"属性，单击该属性框右边的 ⋯ 按钮，打开"输入掩码向导"对话框，如图 7-34 所示。选择"输入掩码"列表中的"密码"项，单击"完成"按钮。

图 7-34 "输入掩码向导"对话框

在"属性表"的"其他"选项卡中设置"名称"栏的值为"PWD"。

同样，设置登录名文本框名称为"LGNAME"。

（5）在窗体中创建三个命令按钮。当出现"命令按钮向导"对话框时，单击"取消"按钮取消向导。

然后，分别将"标题"属性设置为"确定""重新输入"和"退出"。将"确定"按钮的"默认"属性设置为"是"，如图 7-35 所示。

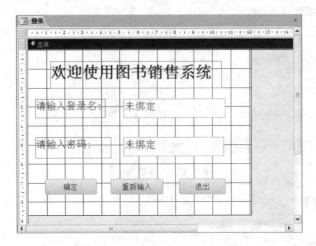

图 7-35　"登录"窗体的设计视图

（6）选定"确定"按钮，在其属性对话框中选择"事件"选项卡，在"单击"栏下拉框中选择"事件过程"，单击右边的 ... 按钮，打开事件代码编辑窗口。或选定"确定"按钮后，单击右键，在快捷菜单中选择"事件生成器"命令，在"选择生成器"对话框中选择"代码生成器"，打开事件代码编辑窗口。

在过程头：Private Sub Command1_Click()下面输入代码：

```
'设用户名为"user1"，密码为"123456"
If LGNAME.Value="user1" And PWD.Value="123456" Then
    MsgBox "欢迎使用本系统!"
Else
    MsgBox "登录名或密码错误!"
End If
```

（7）选定"重新输入"按钮，使用与前面相同的方法，打开事件代码编辑窗口。

在过程头：Private Sub Command2_Click()下面输入代码：

```
LGNAME.SetFocus
```

（8）选定"退出"按钮，使用与前面相同的方法，打开事件代码编辑窗口。

在过程头：Private Sub Command3_Click()下面输入代码：

```
DoCmd.Close
```

（关于代码设计的知识可参阅主教材第 8 章。）

设计完成后，命名为"登录"并保存。进入窗体视图，便可得到图 7-33 所示的窗体。

分别输入登录名和密码。若用户名或密码错，将出现错误提示对话框。若单击"重新输入"按钮，则输入登录名的文本框获得焦点，可重新输入。若用户名和密码都输入正确，则出现"欢迎使用本系统!"对话框。

若单击"退出"按钮，则关闭窗体。

实验题 7-11　选项组控件应用

基于第 5 章实验题 5-2 所创建的图书销售.accdb 数据库,在其中的"图书"表中增加一个"是否精装"的是否型字段,设计图书的浏览与编辑窗体。

【操作步骤参考】

参阅主教材 7.2.3 节的例 7-11。

操作步骤如下:

(1) 进入图书销售数据库,选择"图书"表(双击打开),切换到设计视图。增加一个"是否精装"字段,类型为是/否型。

(2) 单击"保存"按钮,切换到数据表视图,更改数据,将部分图书设为精装,部分图书设为非精装,关闭数据表视图。

(3) 创建一个窗体,进入设计视图。打开"属性表"对话框,在"数据"选项卡中设置记录源为"图书"表。单击"工具"组中"添加现有字段"按钮,打开"字段列表"对话框。拖动字段到设计视图,放置在窗体合适的位置("是否精装"字段除外)。

(4) 在"控件"组中单击选项组控件，在窗体拖动鼠标添加一个选项组按钮,Access 自动打开"选项组向导"对话框,如图 7-36 所示。

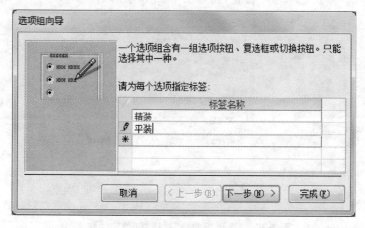

图 7-36　"选项组向导"对话框(指定标签)

(5) 为每个选项指定标签,即按钮上的显示文本。在表格中分别输入"精装"和"平装",然后单击"下一步"按钮,打开图 7-37 所示对话框。

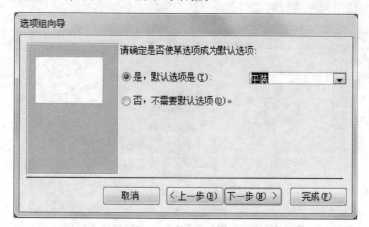

图 7-37　"选项组向导"对话框(确定是否设置默认选项)

（6）确定是否设置默认选项。确定默认选项，则输入数据时自动显示默认值。选择"是"并在下拉列表框中选择"平装"。

单击"下一步"按钮，打开图7-38所示对话框，为每个选项赋值。

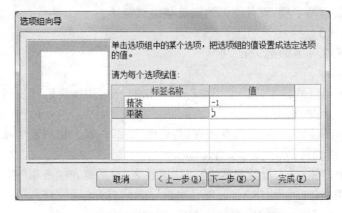

图7-38 "选项组向导"对话框（为每个选项赋值）

（7）为每个选项指定值。"是/否"型字段的取值为−1和0，将"精装"和"平装"的取值分别设置为−1和0。单击"下一步"按钮，出现图7-39所示对话框。

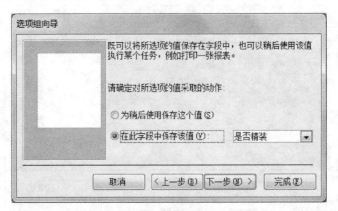

图7-39 "选项组向导"对话框（确定动作）

（8）确定每个选项的值保存方式。可以在关联字段中保存，也可以不保存。选择"在此字段中保存该值"，并选择"是否精装"字段。单击"下一步"按钮，打开图7-40所示对话框，确定在选项组中使用何种类型的控件。

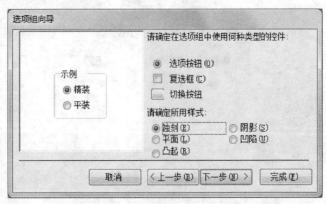

图7-40 "选项组向导"对话框（确定控制类型）

（9）确定选项组中控件的类型和样式，可以是选项按钮、复选框和切换按钮。按钮的样式可以是蚀刻、阴影、平面、凹陷和凸起等 5 种。将按钮类型选择为"选项按钮"，样式选择"蚀刻"。

单击"下一步"按钮，打开图 7-41 所示对话框，为选项组指定标题。

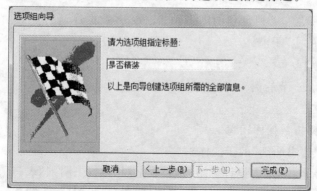

图 7-41　"选项组向导"对话框（为选项组指定标题）

（10）输入"是否精装"，单击"完成"按钮，返回窗体设计视图。

最后，将窗体命名为"图书浏览与输入"并保存，如图 7-42 所示。

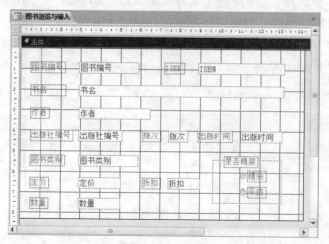

图 7-42　"图书浏览与输入"设计视图

切换到窗体视图，显示结果如图 7-43 所示。

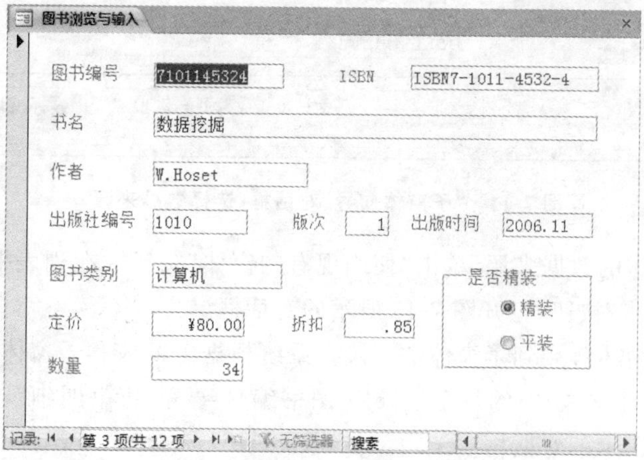

图 7-43　"图书浏览与输入"窗体视图

说明：当选项组为绑定型，为每个选项按钮赋值时，所有的值应与关联字段的值相对应。在本例中，精装对应的值为－1，平装对应的值为 0。

实验题 7-12　创建主/子窗体

基于第 5 章实验题 5-2 所创建的图书销售.accdb 数据库，使用控件在设计视图中创建图书及其销售信息的主/子窗体。

【操作步骤参考】

参阅主教材 7.2.3 节的例 7-12。

操作步骤如下：

(1) 进入图书销售数据库窗口。

(2) 创建一个"售书明细"的子窗体。

操作是：创建新窗体，进入设计视图，选择数据源为"售书明细"表，打开"字段列表"对话框，选中字段（双击），将字段"售书单号、图书编号、数量、折扣"放入窗体。

在"属性表"的对象定位"窗体"，将"格式"选项卡中的"默认视图"设为"数据表"，并命名和保存。

(3) 创建一个新窗体，选择"图书"表为数据源，将"图书编号""书名""作者""出版时间""定价"等字段添加到窗体的主体区域中，然后在窗体页眉中添加标题"图书及其销售信息"。

(4) 在"控件"组中选择"子窗体/子报表"控件▤▤，在窗体的空白区域添加该控件，同时打开"子窗体向导"对话框，如图 7-44 所示。

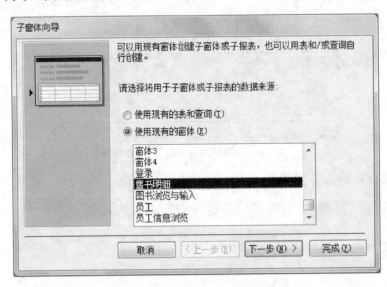

图 7-44　"子窗体向导"对话框（选择数据来源）

(5) 选择子窗体的数据来源，单击"使用现有的窗体"按钮并在列表框中选择窗体"售书明细"。单击"下一步"按钮，打开图 7-45 所示的对话框。

(6) 确定将主窗体链接到子窗体的字段。系统根据主窗体和子窗体的数据源的字段给出操作提示，选择"对 图书 中的每个记录用 图书编号 显示 售书明细"，然后单击"下一步"按钮，打开图 7-46 所示的对话框。

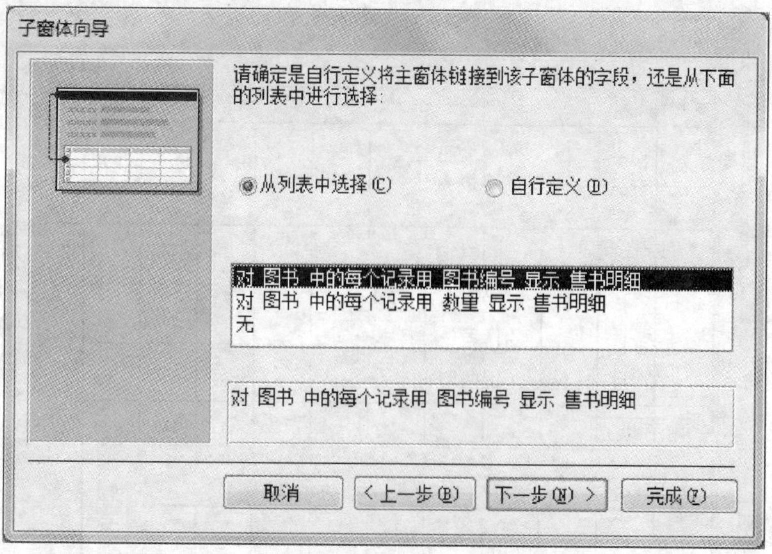

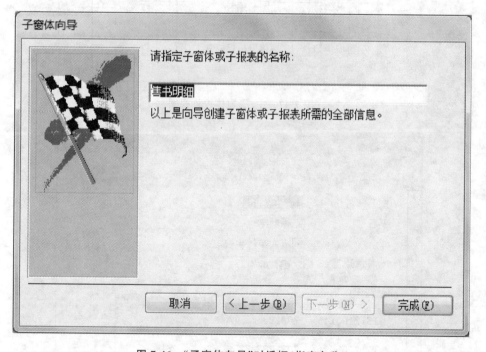

图 7-45 "子窗体向导"对话框(确定链接字段)

图 7-46 "子窗体向导"对话框(指定名称)

(7)系统给出了默认的子窗体名称,在本例中使用的是已创建的窗体,子窗体的名称与该窗体相同,输入子窗体的名称,然后单击"完成"按钮,回到窗体设计视图,设计完成,如图7-47 所示。

(8)切换到窗体视图,显示图书及其销售信息,如图 7-48 所示。

说明:子窗体的数据源可以使用表和查询,如果使用表或查询,则需要选择表或查询中的字段,用户可以根据需要选择所要显示的字段。

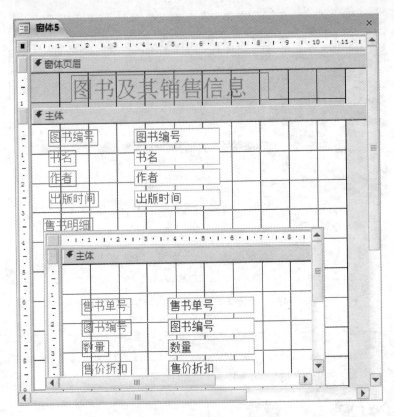

图 7-47 主/子窗体设计视图

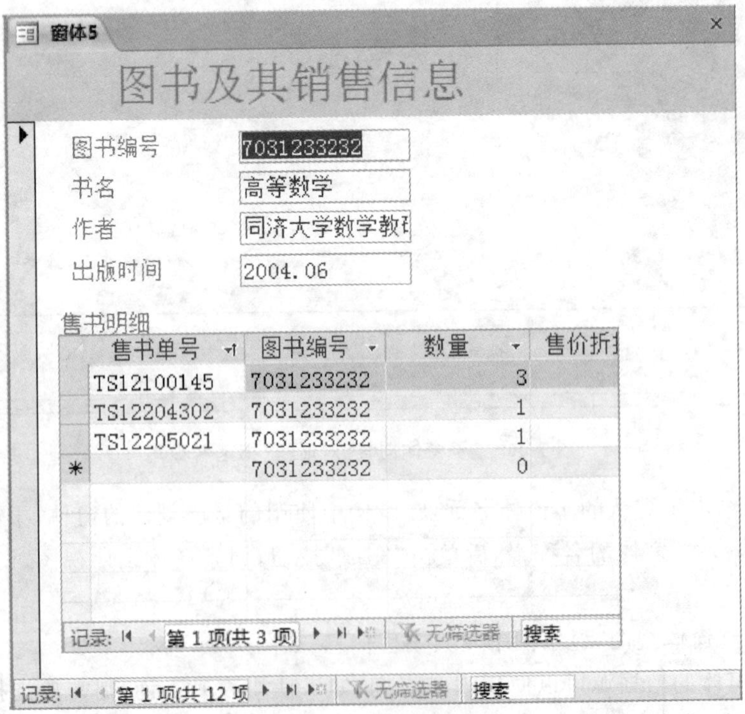

图 7-48 主/子窗体窗体视图

7.4　课外习题及解答

一、单项选择题

（1）窗体运行时的显示方式的视图是　【D】

A. 数据表视图　　　B. 数据透视表视图　　　C. 设计视图　　　D. 窗体视图

（2）控件按钮 ▦ 的名称是　【D】

A. 选项按钮　　　B. 标签　　　C. 命令按钮　　　D. 组合框

（3）控件按钮 ◉ 的名称是　【A】

A. 选项按钮　　　B. 标签　　　C. 命令按钮　　　D. 组合框

（4）以下用来表示两种情况的按钮是　【C】

A. 列表框　　　B. 标签　　　C. 切换按钮　　　D. 选择

（5）用于在窗体中执行各种操作的按钮是　【B】

A. 列表框　　　B. 命令按钮　　　C. 切换按钮　　　D. 选择按钮

（6）Access 提供的命令按钮的操作"添加新记录"所属的命令按钮类别是　【B】

A. 记录导航　　　B. 记录操作　　　C. 窗体操作　　　D. 报表操作

（7）以下不属于 Access 提供的记录操作类命令按钮的操作是　【B】

A. 保存记录　　　B. 查找记录　　　C. 删除记录　　　D. 复制记录

（8）以下不属于 Access 提供的命令按钮的类别的是　【C】

A. 记录导航　　　B. 记录操作　　　C. 窗体导航　　　D. 窗体操作

（9）在 Access 窗体控件工具中的"命令按钮"是一个　【B】

A. 对象　　　B. 类　　　C. 属性　　　D. 事件

（10）通常用于放置命令按钮、窗体使用说明等信息的是　【C】

A. 页面页脚　　　B. 页面页眉　　　C. 窗体页脚　　　D. 窗体页眉

二、填空题

（1）通常一个窗体由主体、窗体页眉/页脚和页面页眉/页脚等构成。

（2）控件是放置在窗体中的图形对象，是最常见和主要的窗体元素。

（3）根据控件的用途及与数据源的关系，可以将控件分为绑定型、非绑定型和计算型 3 种类型。

（4）文本框的高度、宽度以及文本框中显示的信息都是它的属性。

（5）在窗体中，数据的输入、查看、修改以及对数据库中各种对象的操作都是使用控件实现的。

（6）Access 中的控件是窗体或报表中的一个实现特定功能的对象。

（7）在 Access 的窗体的工具箱中，共有20 多种不同类型的控件。

（8）"多个项目"方式创建的窗体是一种连续窗体，在该类窗体内显示多条记录，记录以数据表的形式显示。

（9）设计视图创建窗体时，使用"属性表"添加的数据源 可以是表或查询。

（10）在面向对象程序设计中，任何对象都具有静态的外观特征和动态的行为。

三、名词解释题

(1) 窗体的"节"。

【参考答案】 窗体设计视图的每个区域称为"节"。

(2) 面向对象程序设计的类。

【参考答案】 面向对象程序设计的类是对象的模板和抽象,对象是类的实例。对象是具体的,类是抽象的。

(3) 面向对象程序设计的属性。

【参考答案】 每个对象都通过设置属性值来描绘它的外观和特征,例如标题、字体、位置、大小、颜色、是否可用等。

(4) 非模式窗体。

【参考答案】 非模式窗体在打开后,用户仍然可以访问其他对象。

(5) 数据表窗体。

【参考答案】 数据表窗体可以一次显示记录源中的多个字段和记录,与表对象的数据表视图显示的一样,每条记录显示在一行。

(6) "设计"选项卡。

【参考答案】 窗体设计工具的上下文选项卡之一,在设计窗体时,使用"设计"选项卡提供的控件或工具,向窗体中添加各种对象,设置窗体的主题、页眉和页脚以及切换窗体视图等。

(7) 弹出式窗体。

【参考答案】 弹出式窗体用来显示信息或提示用户输入数据。弹出式窗体会显示在当前打开的窗体之上。

四、问答题

(1) 窗体的主要作用是什么?

【参考答案】 窗体是用户与 Access 数据库之间的一个交互界面,用户通过窗体可以显示信息,进行数据的输入和编辑,还可根据录入的数据执行相应命令,对数据库进行各种操作。

窗体本质上就是一个 Windows 的窗口,只是在进行可视化程序设计时,将其称为窗体。

(2) Access 提供了哪几种类型的窗体?

【参考答案】 Access 提供了 7 种类型的窗体,分别是纵栏式窗体、表格式窗体、数据表窗体、数据透视表窗体、数据透视图窗体、图表窗体和主/子窗体。

(3) 在面向对象程序设计中,什么是类? 举例说明。

【参考答案】

类是已经定义了的关于对象的特征、外观和行为的模板和框架,而对象是类的实例。同一类的不同对象具有基本相同的属性集合和事件集合。对象是具体的,类是抽象的。例如:在 Access 的窗体控件工具栏中,每一个控件工具都代表一个类,而用其中某个控件工具在窗体上所创建的一个具体控件就是一个对象。

(4) 在计算型控件中输入计算公式时应首先输入什么符号?

【参考答案】　在计算型控件中输入计算公式时,应首先输入等号"＝"。

(5) 什么是对象的事件和方法?

【参考答案】　事件是指由用户操作或系统触发的一个特定的操作,如打开、单击、双击等。

方法通常指由 Visual Basic 语言定义的处理对象的过程,代表对象能够执行的动作。方法一般在事件代码中被调用,调用时须遵循对象引用规则,即[＜对象名＞]. 方法名。

(6) 什么是非绑定型控件? 举例说明。

【参考答案】　非绑定型控件:这种控件没有数据来源的属性或者没有设置数据来源,如标签、线条、矩形、图像等控件,只是用于显示信息、线条、矩形、图像等内容,不需要与数据源绑定。

(7) "排列"选项卡的功能是什么?

【参考答案】　"排列"选项卡主要用于设置窗体的布局,包括创建表的布局、插入对象、合并和拆分对象、移动对象、设置对象的位置和外观等。

(8) 有哪些方法设置对象属性值?

【参考答案】　对象属性值既可以在设计时通过属性对话框设置,也可以在运行时通过程序语句设置或更改。有的属性只能在设计时进行设置,有的属性则在设计和运行时都能进行设置。

(9) 简述 Access 的事件。

【参考答案】　事件包括事件的触发和执行程序两个方面。在 Access 中,一个事件可对应一个程序模块(事件过程或宏)。宏可通过交互方式创建,而事件过程则是用 VBA 编写的代码。事件一旦触发,系统马上就去执行与该事件相关的程序模块。

(10) 为什么说控件是设计窗体的重要对象?

【参考答案】　控件是构成窗体的基本元素,在窗体中,数据的输入、查看、修改以及对数据库中各种对象的操作都是使用控件实现的。因此,控件是设计窗体的重要对象。

(11) 控件的类型有哪些?

【参考答案】　根据控件的用途及其与数据源的关系,可以将控件分为绑定型、非绑定型和计算型 3 种类型。

第8章　报表对象

8.1　学习指导

报表是 Access 中以一定输出格式表现数据的一种对象。利用报表可以比较和汇总数据,显示经过格式化且分组的信息,可以对数据进行排序,设置数据内容的大小及外观,并将它们打印出来。

(一)学习目的

报表是 Access 2010 数据库 6 个组成对象之一。本章主要介绍报表的基本应用操作。

通过本章学习,先要理解报表的基本概念,掌握如何创建报表,掌握对报表编辑的方法及报表的排序、分组与统计等操作技术,还要了解如何设计复杂的报表问题,以及预览、打印和保存报表的方法。

(二)学习要求

本章简要介绍了报表的基础知识、报表的功能以及各种类型报表的创建过程,较为详细地分析了报表的主要作用。

报表主要分为纵栏式报表、表格式报表、图表报表和标签报表 4 种类型,每种类型的结构和创建方法本章做了介绍,我们要了解和掌握,特别是各种报表的创建方法,包括自动报表、报表向导以及报表设计器方法,都应该能操作和实现。本章有相关实例的列举,为同学们创建报表、设计报表、编辑美化报表以及处理报表细节等,提供了基本知识的指导。

(三)重点概念

报表可用于对数据库中的数据进行分组、计算、汇总并打印输出。有了报表,用户就可以控制数据摘要,获取数据汇总,并以所需的任意顺序排序数据。

报表是用来呈现数据的一个定制的查阅对象,是以打印的格式表现用户数据的一种有效的方式。它可以输出到屏幕上,也可以传送到打印设备上。因为用户可以控制报表上每个对象的大小和外观,所以能够按照所需要的方式输出数据信息。

报表中的数据来自表、查询或 SQL 语句,报表的其他设置存储在报表的设计中。

报表与窗体相同:上一章中介绍的创建窗体所用的大多数方法,也适用于报表。

报表与窗体不同:报表主要用于显示数据信息,以及对数据进行加工并以多种表现形式呈现,包括对数据的汇总、统计以及各种图形等;而窗体主要用于对于数据记录的交互式输入或显示。

设计报表可以使用控件,建立报表及其记录源之间的链接。控件可以是标签及文本框,还可以是装饰性的直线,它们可以图形化地组织数据,从而使报表更加美观。

报表有 7 个节,分别是:报表页眉、报表页脚、页面页眉、页面页脚、主体节,以及组页眉和组页脚。

Access 2010 提供了 4 种创建报表的方式:"自动报表""空报表""报表向导"和"设计视图"。

8.2 习题8解答

一、单项选择题

(1) A (2) B (3) D (4) A (5) B (6) A

二、填空题

(1) 打印输出 (2) 子窗体 (3) 图像 (4) 标签报表 (5) 空报表
(6) 打印预览 (7) 7 (8) 报表向导 (9) 组页眉节 (10) 表

三、名词解释题

(1) 纵栏式报表。

【参考答案】 纵栏式报表(也称为窗体报表)一般是在一页主体节内以垂直方式显示一条或多条记录。这种报表可以显示一条记录的区域,也可同时显示多条记录的区域,甚至包括合计,每个字段占一行,左边是标签控件,显示字段名称,右边是字段中的值。

(2) 计算控件。

【参考答案】 报表设计中页码的输出、分组统计数据的输出等均是通过设置绑定控件的控件源为计算表达式形式而实现的,这些控件就称为计算控件。

(3) 子报表。

【参考答案】 插在其他报表中的报表称为子报表。

(4) 报表快照。

【参考答案】 报表快照是一个具有.snp扩展名的独立文件,它包含Access报表所有页的备份。这个备份包括高保真图形、图标和图片并保存报表的颜色和二维版面。这种功能要求安装有相应的软件才能实现。

(5) 快照取景器。

【参考答案】 快照取景器是一个可以独立运行的程序,它提供有自己的控件、帮助文件和相关文件。在默认情况下,当用户第一次创建一个报表快照时,Access就自动安装了快照取景器。

四、问答题

(1) 什么是报表?我们可以利用报表对数据库中的数据进行什么处理?

【参考答案】 报表是Access中以一定输出格式表现数据的一种对象。利用报表可以比较和汇总数据,显示经过格式化且分组的信息,可以对数据进行排序,设置数据内容的大小及外观,并将它们打印出来。

(2) 使用报表的好处有哪些?

【参考答案】 使用报表主要有以下6个方面的好处:

① 在一个处理的流程中,报表能用尽可能少的空间来呈现较多的数据。

② 可以成组地组织数据,以便对各组中的数据进行汇总,显示组间的比较等。

③ 可以在报表中包含子窗体、子报表和图表。

④ 可以采用报表打印出吸引人或符合要求的标签、发票、订单和信封等。

⑤ 可以在报表上增加数据的汇总信息,如计数、求平均值或者其他的统计运算。

⑥ 可以嵌入图像或图片来显示数据。

（3）请分析报表与窗体的异同。

【参考答案】 窗体主要用于数据记录的交互式输入或显示，而报表主要用于显示数据信息，以及对数据进行加工并以多种表现形式呈现，包括对数据的汇总、统计以及各种图形等。

创建窗体中所用的大多数方法，也适用于报表。

报表仅为显示或打印而设计，窗体是为在窗口中交互式输入或显示而设计。在报表中不能通过工具箱中的控件来改变表中的数据，Access 不理会用户从选择按钮、复选框及类似的控件中的输入。

创建报表时不能使用数据表视图，只有打印预览视图和设计视图可以使用。

（4）报表的类型有哪些？

【参考答案】 报表主要分为 4 种类型：纵栏式报表、表格式报表、图表报表和标签报表。

（5）报表的视图类型有哪些？各自的作用是什么？

【参考答案】 报表操作提供了 4 种视图：设计视图、打印预览视图、版面预览视图和报表视图。

设计视图用于创建和编辑报表的结构；打印预览视图用于查看报表的页面数据输出形态；版面预览（布局）视图用于查看报表的版面设置，即布局；报表视图用于查看报表的内容。

（6）报表由哪些节区组成？各自的作用是什么？

【参考答案】 报表可以有 7 个节，分别是：报表页眉、报表页脚、页面页眉、页面页脚、主体节、组页眉和组页脚。

报表页眉中的任何内容都只能在报表的开始处，即报表的第一页打印一次。在报表页眉中，一般是以大字体将该份报表的标题放在报表顶端的一个标签控件中。

报表页脚一般是在所有的主体和组页脚被输出完成后才会打印在报表的最后面。通过在报表页脚区域安排文本框或其他一些类型控件，可以显示整个报表的计算汇总或者其他的统计数字信息。

页面页眉中的文字或控件一般输出显示在每页的顶端。通常，它是用来显示数据的列标题。在报表输出的首页，这些列标题显示在报表页眉的下方。

页面页脚一般包含页码或控制项的合计内容，数据显示安排在文本框和其他一些类型控件中。在报表每页底部打印页码信息。

主体节用来处理每条记录，其字段数据均须通过文本框或其他控件（主要是复选框和绑定对象框）绑定显示。可以包含计算的字段数据。

组页眉是根据需要，在报表设计 5 个基本节区域的基础上，还可以使用"排序与分组"属性来设置"组页眉/组页脚"区域，以实现报表的分组输出和分组统计。组页眉节内主要安排文本框或其他类型控件显示分组字段等数据信息。

组页脚节内主要安排文本框或其他类型控件显示分组统计数据。打印输出时，其数据显示在每组结束位置。

（7）创建报表的方式有哪些？

【参考答案】 使用自动报表功能创建报表，使用报表向导创建报表，使用图表向导创建报表使用标签向导创建报表及使用设计视图创建报表等。

（8）如何向报表中添加计算控件？

【参考答案】

为报表添加计算控件的步骤如下：

① 进入报表设计视图设计报表。

② 在主体节内选择文本框控件，或者使用控件工具栏添加一个文本框控件，打开"属性"对话框，选择"数据"选项卡，设置"控件源"属性为所需要的计算表达式。

③ 打印预览报表，保存报表。

（9）实际应用中创建报表采取什么方法？

【参考答案】 报表向导由于可以为用户完成大部分基本操作，因此加快了创建报表的过程。在使用报表向导时，它将提示有关信息并根据用户的回答来创建报表。在实际应用过程中，一般可以首先使用自动报表或向导功能快速创建报表结构，然后在设计视图环境中对其外观、功能加以修缮，这样可以大大提高报表设计的效率。

（10）"报表设计工具"选项卡中包含哪些功能选项卡？

【参考答案】 "报表设计工具"选项卡包含"设计、排列、格式、页面设置"四个选项卡。

 ## 8.3 实验题 8 解答

实验题 8-1 自动创建报表

给定第 5 章实验题 5-2 所完成的图书销售.accdb 数据库，有表：部门、出版社、售书单、售书明细、图书、员工。

请以"员工"表为数据来源表，使用自动报表方法创建员工报表。

【操作步骤参考】

参阅主教材 8.2.2 节的例 8-1。

（1）在 Access 下打开图书销售.accdb 数据库，在图书销售数据库窗口中，选择"员工"表。

（2）选择"创建"选项卡内"报表"组中的"报表"按钮（单击），自动生成员工报表，自动进入布局视图，如图 8-1 所示。

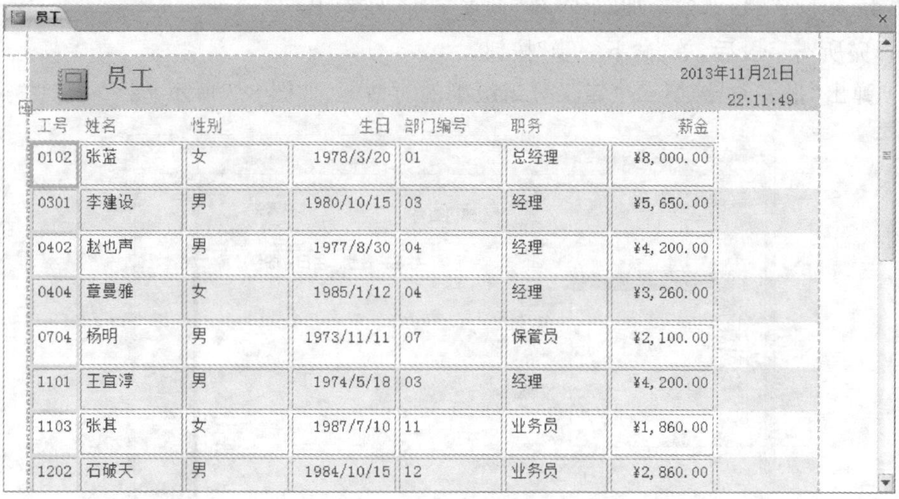

工号	姓名	性别	生日	部门编号	职务	薪金
0102	张蓝	女	1978/3/20	01	总经理	¥8,000.00
0301	李建设	男	1980/10/15	03	经理	¥5,650.00
0402	赵也声	男	1977/8/30	04	经理	¥4,200.00
0404	章曼雅	女	1985/1/12	04	经理	¥3,260.00
0704	杨明	男	1973/11/11	07	保管员	¥2,100.00
1101	王宜淳	男	1974/5/18	03	经理	¥4,200.00
1103	张其	女	1987/7/10	11	业务员	¥1,860.00
1202	石破天	男	1984/10/15	12	业务员	¥2,860.00

员工 2013年11月21日 22:11:49

图 8-1 员工报表

实验题 8-2 利用向导创建图书销售信息报表

给定第 5 章实验题 5-2 所完成的图书销售.accdb 数据库,有表:部门、出版社、售书单、售书明细、图书、员工。

请以图书销售数据库中"员工"表为基础,利用向导创建"员工"表为数据来源表,使用报表向导方法创建员工报表。

【操作步骤参考】

参阅主教材 8.2.3 节的例 8-2。

(1)单击"创建"选项卡,然后在"报表"组中单击"报表向导"按钮。

弹出"报表向导"第一个对话框,确定数据源。数据源可以是表或查询对象。这里选择表"员工"作为数据源,如图 8-2 所示。

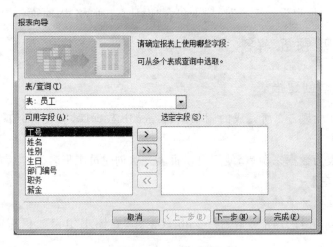

图 8-2 "报表向导"对话框 1

"可用字段"列表框中列出了数据源的所有字段。从"可用字段"列表中选择需要的报表字段,单击 > 按钮,它就会添加、显示在"选定字段"列表中。

选择完所需字段后,单击"下一步"按钮。

(2)弹出"报表向导"第二个定义分组级别的对话框,如图 8-3 所示。

图 8-3 "报表向导"对话框 2

（3）在列表框中选择"部门编号"字段，单击"分组选项"按钮，打开"分组间隔"对话框，如图 8-4 所示。更改分组间隔可以影响报表中对数据的分组。本报表不要求任何特殊的分组间隔，选择"分组间隔"中的"普通"选项，单击"确定"按钮，返回报表向导。

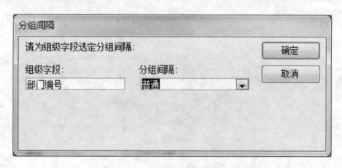

图 8-4 "分组间隔"对话框

（4）单击"下一步"按钮，弹出"报表向导"第三个对话框，如图 8-5 所示。在定义好分组之后，用户可以指定主体记录的排列次序。单击"汇总选项"按钮，弹出"汇总选项"对话框，指定计算汇总值的方式，如图 8-6 所示，单击"确定"按钮。

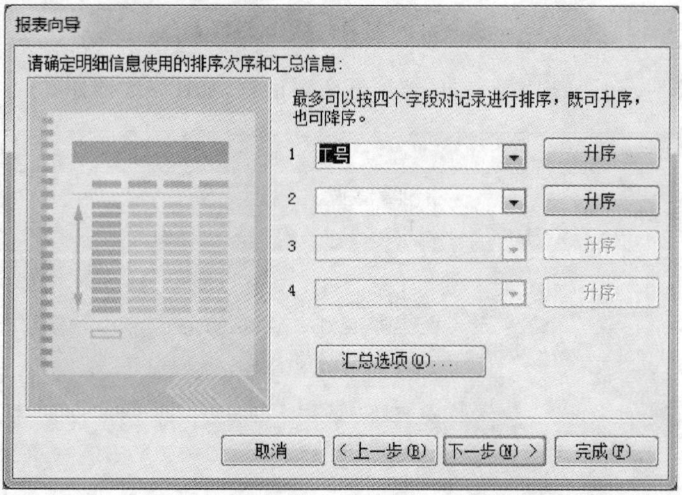

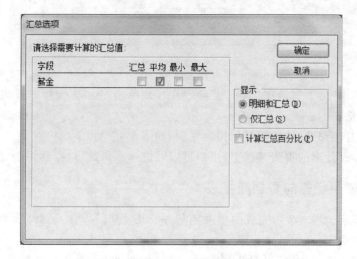

图 8-5 "报表向导"对话框 3

图 8-6 "汇总选项"对话框

（5）单击"下一步"按钮，弹出"报表向导"第四个对话框，如图 8-7 所示。用户可以选择报表的布局格式。默认情况下，报表向导会选中"调整字段宽度使所有字段都能显示在一页中"复选框，在"方向"选项组中选择"纵向"选项。

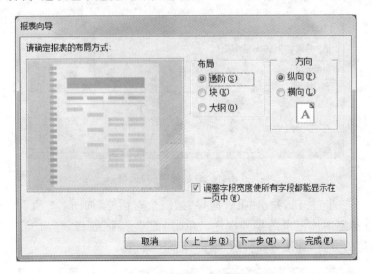

图 8-7　"报表向导"对话框 4

单击"下一步"按钮，弹出"报表向导"第五个对话框，如图 8-8 所示。

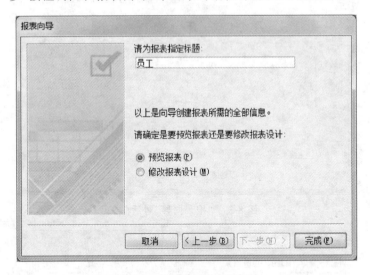

图 8-8　"报表向导"对话框 5

在标题中输入"员工"，选中"预览报表"选项，并单击"完成"按钮。报表向导会创建报表，并在打印预览视图中显示该报表。

单击"关闭打印预览"按钮可显示报表视图，如图 8-9 所示。

在报表向导设计出的报表基础上，用户可以做进一步修改，以得到一个完善的报表。

实验题 8-3　使用标签向导创建报表

给定第 5 章实验题 5-2 所完成的图书销售.accdb 数据库，有表：部门、出版社、售书单、售书明细、图书、员工。

请以图书销售数据库中"出版社"表作为数据源，创建出版社信息标签报表。

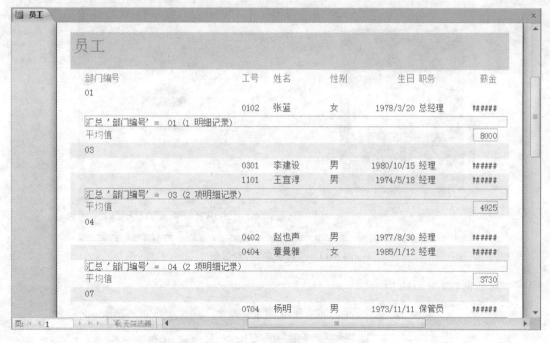

图 8-9　使用报表向导建立的员工报表

【操作步骤参考】

参阅主教材 8.2.4 节的例 8-3。

（1）在图书销售数据库窗口中选择"出版社"表，作为数据源。

（2）单击"创建"选项卡，然后在"报表"组中单击"标签"按钮，弹出"标签向导"第一个对话框，如图 8-10 所示。

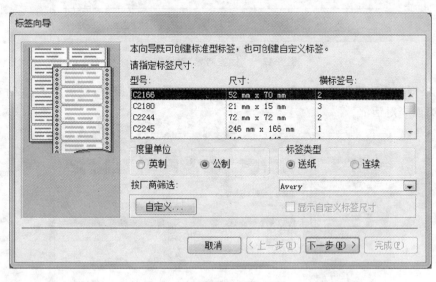

图 8-10　"标签向导"对话框 1

（3）在该对话框中，可以选择标准型号的标签，也可以自定义标签的大小。这里选择"C2166"标签样式，然后单击"下一步"按钮，弹出"标签向导"第二个对话框，如图 8-11 所示。

（4）根据需要选择适当的字体、字号、粗细和颜色，单击"下一步"按钮，显示"标签向导"

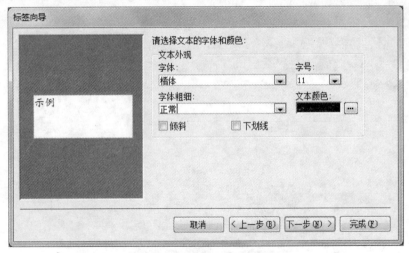

图 8-11 "标签向导"对话框 2

第三个对话框，如图 8-12 所示。

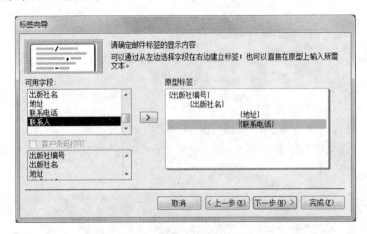

图 8-12 "标签向导"对话框 3

（5）根据需要选择创建标签要使用的字段，单击"下一步"按钮，显示图 8-13 所示的"标签向导"第四个对话框。

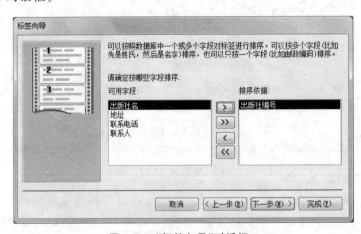

图 8-13 "标签向导"对话框 4

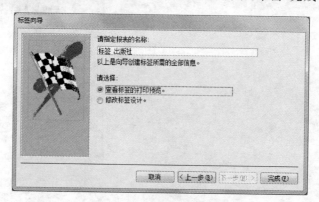

（6）选择按哪个字段进行排序。这里选择"出版社编号"，单击"下一步"按钮，显示"标签向导"的第五个对话框，如图 8-14 所示。

（7）将新建的标签命名为"标签 出版社"，如图 8-14 所示，单击"完成"按钮。

图 8-14 "标签向导"对话框 5

至此，创建了"标签 出版社"标签，如图 8-15 所示。

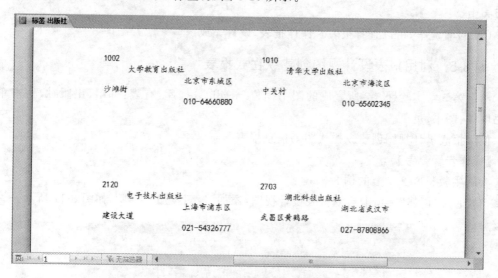

图 8-15 "标签 出版社"标签

如果最终的标签报表没有达到预期的效果，可以删除该报表，重新设计，也可以进入设计视图进行修改。

实验题 8-4　创建空报表

给定第 5 章实验题 5-2 所完成的图书销售.accdb 数据库，有表：部门、出版社、售书单、售书明细、图书、员工。

使用"空报表"创建图书信息报表。

【操作步骤参考】

参阅主教材 8.2.6 节的例 8-5。

（1）打开图书销售数据库，在"创建"选项卡中选择"报表"组，单击"空报表"按钮，系统将创建一个空报表并以布局视图显示，同时打开"字段列表"对话框，如图 8-16 所示。

（2）选择"图书"表并单击"＋"按钮展开，选择字段（双击），Access 自动将所选字段添加

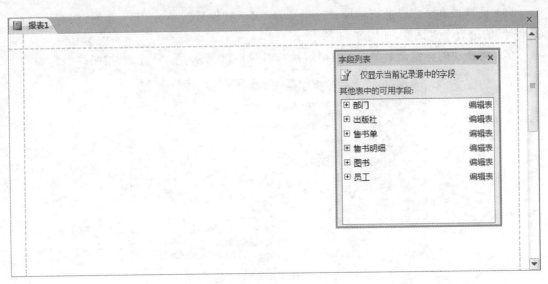

图 8-16　空报表

到报表中。

(3) 设置完毕,可以查看报表。保存报表,设计完成。

实验题 8-5　利用报表设计视图创建纵栏式报表

给定第 5 章实验题 5-2 所完成的图书销售.accdb 数据库,有表:部门、出版社、售书单、售书明细、图书、员工。

使用报表设计视图创建纵栏式图书信息报表。

【操作步骤参考】

参阅主教材 8.2.7 节的例 8-6。

(1) 通过"创建"选项卡启动报表设计视图,添加"报表页眉/页脚",如图 8-17 所示。

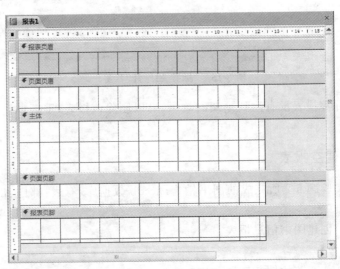

图 8-17　报表设计视图

(2) 在报表页眉中添加一个标签控件,输入标题为"图书信息表",设置标签格式:字体"幼圆",字号 18。

（3）单击"设计"选项卡中"工具"组的"添加现有字段"按钮，打开"字段列表"对话框。展开图书表，依次双击各字段，将字段放置在主体中，系统自动创建相应的文本框控件及标签控件。调整设置控件位置，如图 8-18 所示。

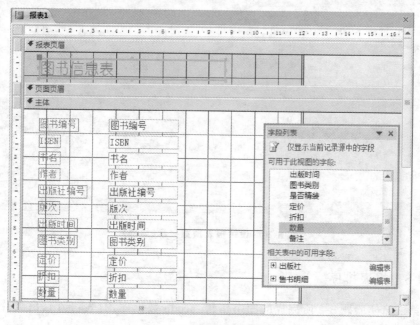

图 8-18　报表字段设计

（4）选择"设计"选项卡内"页眉页脚"组中"页码"按钮（单击），打开"页码"对话框，选择格式为"第 N 页"，位置为"页面底端（页脚）"，单击"确定"按钮，即可在页面页脚节区插入页码，参见图 8-19 所示。

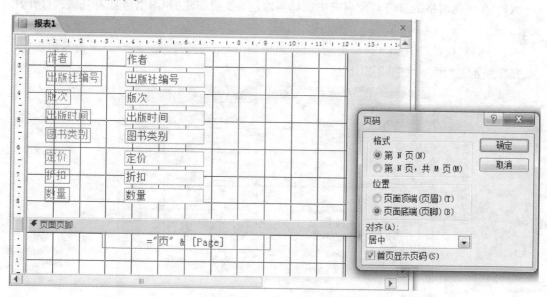

图 8-19　报表页码设计

（5）用"打印预览"工具查看报表显示，如图 8-20 所示。单击"关闭打印预览"按钮，然后以"图书信息表"命名并保存报表。以后就可以随时打开"图书信息表"，显示并打印有关图书信息的报表。

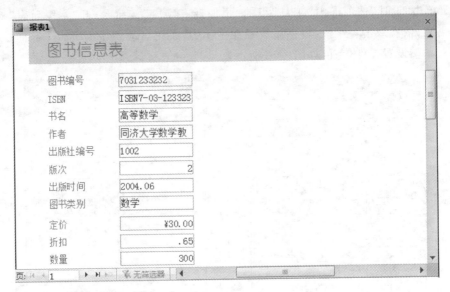

图 8-20　设计报表预览显示（局部）

实验题 8-6　报表排序

给定第 5 章实验题 5-2 所完成的图书销售. accdb 数据库,有表:部门、出版社、售书单、售书明细、图书、员工。

在实验题 8-5"图书信息表"报表设计中,按照"图书编号"由小到大进行排序输出。

【操作步骤参考】

参阅主教材 8.4.1 节的例 8-7。

(1) 在导航窗格的报表对象列表中选择实验题 8-5 所创建的"图书信息表"报表,打开其设计视图。

(2) 选择"设计"选项卡内"分组与汇总"组中的"分组与排序"命令按钮(单击),出现"分组、排序和汇总"面板,如图 8-21 所示。

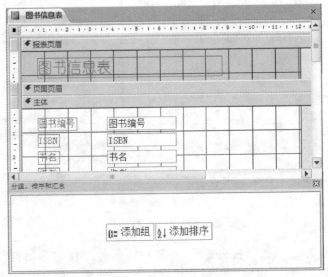

图 8-21　分组、排序和汇总面板

（3）单击"添加排序"按钮，在弹出的"排序依据"中选择排序字段为"图书编号"，排序次序为"升序"，如图 8-22 所示。

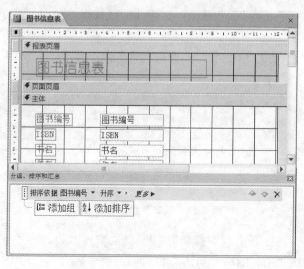

图 8-22 设置排序字段及方式

如果需要，可以添加排序标签设置第二排序字段；以此类推，设置多个排序字段。当设置了多个排序字段时，先按第一排序字段值排列，字段值相同的情况下再按第二排序字段值排列。

（4）单击工具栏上的"打印预览"按钮，可以对排序数据进行浏览。

（5）将设计的报表保存。

实验题 8-7 报表分组统计

给定第 5 章实验题 5-2 所完成的图书销售.accdb 数据库，有表：部门、出版社、售书单、售书明细、图书、员工。

对主教材 8.2.2 节的例 8-1 所创建的"员工"报表按照职务进行分组统计。

【操作步骤参考】

参阅主教材 8.4.1 节的例 8-8。

（1）在图书销售数据库中选择"员工"报表，打开其报表的设计视图，如图 8-23 所示。

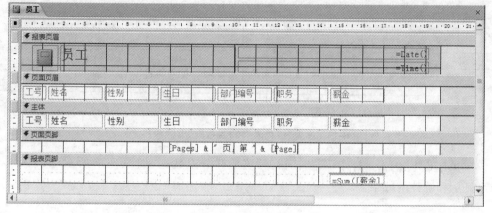

图 8-23 员工信息报表

（2）选择"设计"选项卡内"分组与汇总"组中的"分组与排序"命令按钮（单击），出现"分组、排序和汇总"面板。

（3）在"分组、排序和汇总"面板中，单击"添加组"按钮，在"分组形式"中选择"职务"字段作为分组字段。

（4）在"职务"字段行中，单击"更多"旁的三角按钮，出现图 8-24 所示面板，将"无页脚节"改为"有页脚节"。

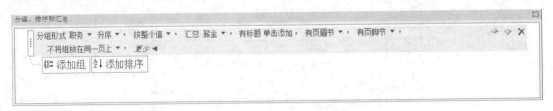

图 8-24　报表分组属性设置

选择"不将组放在同一页上"，则打印时"组页眉、主体、组页脚"不在同页上；选择"将组放在同一页上"，则"组页眉、主体、组页脚"会打印在同一页上。

（5）设置完分组属性之后，会在报表中添加"组页眉"和"组页脚"两个节区，分别用"职务页眉"和"职务页脚"来标识。

将主体节内的"职务"文本框通过"剪切""复制"命令移至"职务页眉"节，并设置其格式：字体为"宋体"，字号为 12 磅。

（6）在"职务页脚"节内添加一个"控件源"为计算该种职务人数表达式的绑定文本框，并附加标签标题"人数"，如图 8-25 所示。

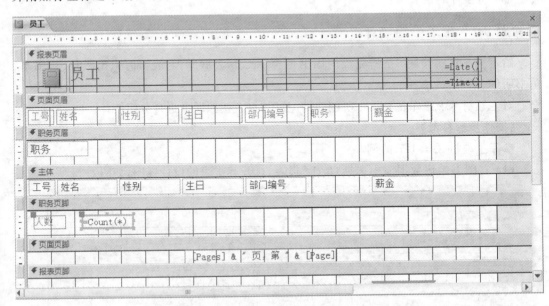

图 8-25　设置"组页眉"和"组页脚"节区内容

（7）单击工具栏上的"打印预览"按钮，预览上述分组数据，如图 8-26 所示，从中可以看到分组显示和统计的效果。

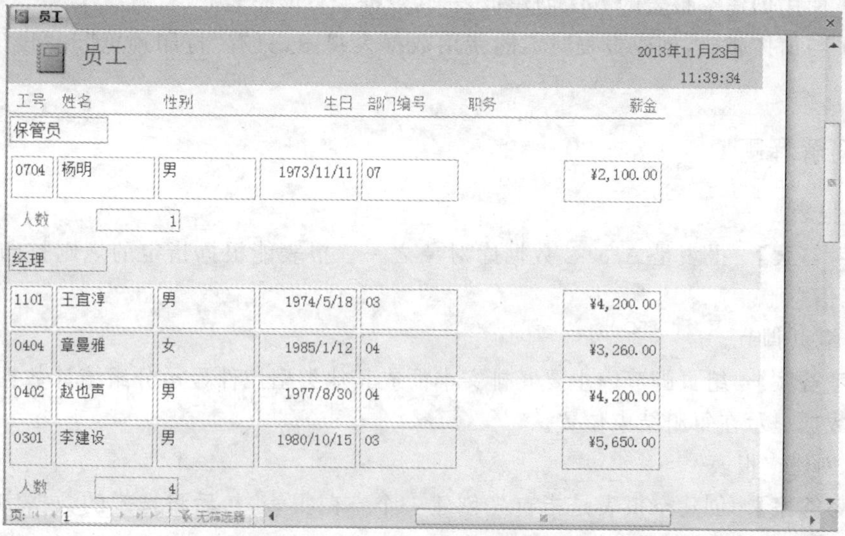

图 8-26 用职务字段分组报表显示(局部)

8.4 课外习题及解答

一、单项选择题

(1) 创建报表时 【C】
A. 不能嵌入图像或图片来显示数据　　B. 不能使用设计视图
C. 不能使用数据表视图　　D. 可以使用打印预览

(2) 以下不是报表创建方式的是 【D】
A. "设计视图"创建　　B. "自动报表"创建
C. "空报表"创建　　D. "对象"创建

(3) 以下不是"设计"选项卡下的"视图"下拉列表中列出的功能项目的是 【C】
A. 报表视图　　B. 设计视图　　C. 分组与汇总　　D. 布局视图

(4) 以下不是"排列"选项卡可管理的项目的是 【D】
A. 设置 Tab 键顺序　　B. 控件组　　C. 设置文本边距　　D. 页眉/页脚

二、填空题

(1) 报表可用于对数据库中的数据进行分组、计算、汇总并打印输出。

(2) 可以在报表中包含子窗体、子报表和图表。

(3) 报表可以嵌入图像或图片来显示数据。

(4) 报表主要分为 4 种类型:纵栏式报表、表格式报表、图表报表和标签报表。

(5) Access 2010 提供了 4 种创建报表的方式:"自动报表""空报表""报表向导"和"设计视图"。

(6) 报表操作提供了 4 种视图:设计视图、打印预览视图、报表视图和布局视图。

(7) 与窗体相比,窗体最多有 5 个节,报表最多有 7 个节。

(8) 由于报表向导可以为用户完成大部分基本操作,因此加快了创建报表的过程。

(9) 组页眉节主要安排文本框或其他类型控件显示分组字段等数据信息。

（10）使用创建空报表的方法创建报表，其<u>数据源</u>只能是表。

（11）与窗体相比，创建报表时不能使用数据表视图，只有"<u>打印预览</u>"和"设计视图"可以使用。

三、名词解释题

（1）报表。

【参考答案】 报表是 Access 数据库对象之一。报表能根据指定的规则打印输出格式化的数据信息。

（2）组页脚节。

【参考答案】 组页脚节内主要安排文本框或其他类型控件显示分组统计数据。打印输出时，其数据显示在每组结束位置。

（3）创建空报表。

【参考答案】 创建空报表是指首先创建一个空白报表，然后将选定的数据字段添加到报表中。

（4）（报表记录的）分组。

【参考答案】 分组是指报表设计时按选定的某个（或几个）字段值是否相等而将记录划分成组的过程。

四、问答题

（1）如何向报表中添加日期和时间？

【参考答案】 在报表设计视图中可以给报表添加日期和时间。操作步骤如下：

① 在设计视图中打开报表。

② 单击"插入"菜单中的"日期和时间"命令，打开"日期和时间"对话框。

③ 在该对话框中选择显示日期还是时间以及显示格式，单击"确定"按钮即可。

此外，也可以在报表中添加一个文本框，通过设置其"控件源"属性为日期或时间的计算表达式（例如，＝Date()或＝Time()等）来显示日期与时间。该控件位置可以安排在报表的任何节区里。

（2）什么是计算控件？

【参考答案】 报表在设计过程中，除了在版面上布置绑定控件直接显示字段数据外，还常常要进行各种运算并将结果显示出来。例如，报表设计中页码的输出、分组统计数据的输出等均是通过设置绑定控件的控件源为计算表达式形式而实现的，这些控件就称为计算控件。

（3）什么是"快照取景器"？

【参考答案】 "快照取景器"是一个可以独立运行的程序，它提供自己的控件、帮助文件和相关文件。在默认情况下，当用户第一次创建一个报表快照时，Access 就自动安装了"快照取景器"。

（4）如何向报表中添加页码？

【参考答案】 在报表中添加页码的方法是：

① 在报表设计视图中打开报表。

② 单击"插入"菜单中的"页码"命令，打开"页码"对话框。

③ 在"页码"对话框中根据需要选择相应的页码格式、位置和对齐方式。对齐方式有：

选项"左",在左页边距添加文本框;选项"中",在左、右页边距的正中添加文本框;选项"右",在右页边距添加文本框;

选项"内",在左、右页边距之间添加文本框,奇数页打印在左侧,而偶数页打印在右侧;选项"外",在左、右页边距之间添加文本框,偶数页打印在左侧,而奇数页打印在右侧。

④ 如果要在第一页显示页码,选中"在第一页显示页码"复选框。

(5) 什么是子报表? 如何创建主报表与子报表之间的链接?

【参考答案】 插在其他报表中的报表称为子报表。

通过"报表向导"或"子报表向导"创建子报表。在某种条件下(例如,同名字段自动链接),Access 数据库会自动将主报表与子报表进行链接。但如果主报表和子报表不满足指定的条件,则可以通过以下方法来进行链接。

① 在报表设计视图中,打开主报表。

② 选择设计视图中的子报表控件,然后单击工具栏上的"属性"按钮,打开"子报表属性"对话框。

在"链接子字段"属性框中,输入子报表中"链接字段"的名称,并在"链接主字段"属性框中,输入主报表中"链接字段"的名称。在"链接子字段"属性框中给的不是控件的名称,而是数据源中的链接字段名称。

若难以确定链接字段,可以打开其后的"生成器"工具去选择构造。

③ 单击"确定"按钮,完成链接字段设置。

注意:设置主报表/子报表链接字段时,链接字段并不一定要显示在主报表或子报表上,但必须包含在主报表/子报表的数据源中。

(6) 什么是报表快照? 报表快照的特性是什么?

【参考答案】 Access 提供了一种称为报表快照的新型报表。报表快照是一个具有 .snp 扩展名的独立文件,它包含 Access 报表所有页的备份。这个备份包括高保真图形、图标和图片并保存报表的颜色和二维版面。这种功能要求安装有相应的软件才能实现。

报表快照的优点是,不需要照相复制和有机印制版本,接收者就能在线预览并只打印他们需要的页。

为了查看、打印或邮寄一个报表快照,用户需要安装"快照取景器"程序。

(7) 报表设计工具中,"页面设置"选项卡包括哪些控件组? 各自的主要功能是什么?

【参考答案】 "页面设置"选项卡包括"页面大小、页面布局"两个组,用来对纸张大小、边距和方向进行设置。

第9章 宏 对 象

9.1 学习指导

宏是 Access 数据库操作系列的集合,是 Access 的对象之一,其主要功能就是使操作自动进行。使用宏,用户不需要编程,只需利用几个简单宏操作就可以将已经创建的数据库对象联系在一起,实现特定的功能。

本章主要介绍 Access 宏的基本知识和应用。

(一) 学习目的

宏是 Access 数据库 6 个组成对象之一。

学习本章,要了解宏的基本概念,掌握宏、条件宏及宏组的创建,还有宏的运行与调试方法。

(二) 学习要求

本章主要介绍 Access 中宏的概念、宏的创建及宏的运行。

宏是由一个或多个操作组成的集合,其中的每个操作都能自动地实现某个特定的功能。执行宏时,自动执行宏中的每一条宏操作,以完成特定任务。

Access 的宏可以是包含操作序列的宏,也可以是由若干个宏组成的宏组,还可以使用条件表达式来决定在什么情况下运行什么宏,即条件宏。

宏既可以在数据库的"宏"对象窗口中创建,也可以在为窗体或报表的对象创建事件行为时创建。

当创建了一个宏后,需要对宏进行运行与调试。可以使用单步执行宏来对所创建的宏进行调试,以观察宏的流程和每一个操作的结果,便于发现错误。运行宏时可以直接利用"运行"命令来执行相应的宏,但大多数情况下,是将宏附加到窗体、报表或控件中,以对事件做出响应。

9.2 习题 9 解答

一、单项选择题

(1) B (2) D (3) C (4) A (5) C (6) D (7) A (8) D

二、填空题

(1) 多个 (2) 70 (3) 组织方式 (4) 运行宏 (5) 独立宏
(6) 消息 (7) 窗体名称 (8) 自动执行 (9) AutoExec

三、名词解释题

(1) 宏。

【参考答案】 宏是由一个或多个操作组成的集合,其中的每个操作都能自动地实现某个特定的功能。

（2）操作序列宏。

【参考答案】 操作序列宏是由一系列的宏操作组成的序列。

（3）宏组。

【参考答案】 宏组是共同存储在一个宏名下相关宏的集合。

（4）宏生成器。

【参考答案】 宏生成器就是宏对象的设计视图。

打开宏生成器的方法有两种：在"创建"选项卡的"宏与代码"组中，单击"宏"按钮，即打开宏生成器窗口；选择要使用宏的窗体或报表控件，切换到设计视图，然后单击"属性表"，打开其属性窗口，在"事件"选项卡中，选择触发宏的事件（例如，单击）右边的生成器按钮 ┈，选择"宏生成器"，确定，即进入宏生成器窗口。

（5）条件宏。

【参考答案】 在宏中使用条件来控制宏的流程。当条件满足时，该操作才能被执行，否则，将跳过此操作继续执行下一条操作。

（6）自动运行宏。

【参考答案】 Access 提供了一个特殊的宏名称 AutoExec，是数据库打开时的自动运行宏。

四、问答题

（1）在 Access 中，宏的操作都可以在模块对象中通过编写 VBA（visual basic for application）语句来达到相同的功能。选择使用宏还是 VBA，主要取决于所要完成的任务。
请说明哪些操作处理应该用 VBA 而不要使用宏。

【参考答案】 当要进行以下操作处理时，应该用 VBA 而不要使用宏：

① 数据库的复杂操作和维护；

② 自定义过程的创建和使用；

③ 一些错误处理。

（2）Access 的宏分为哪三类？简要说明。

【参考答案】 Access 的宏分为操作序列宏、宏组和条件宏三类。

① 操作序列宏是由一系列的宏操作组成的序列。每次运行该宏时，都将顺序执行这些操作。

② 宏组是将相关的宏保存在同一个宏对象中，使它们组成一个宏组，这样将有助于对宏的管理。

③ 条件宏带有条件列，通过在条件列指定条件，可以有条件地执行某些操作。如果指定的条件成立，将执行相应一个或多个操作；如果指定的条件不成立，将跳过该条件所指定的操作。

（3）简述创建宏组的具体操作步骤。

【参考答案】 宏组的创建方法和宏类似，都是在宏生成器中进行，但是宏组的创建过程中需要增加"宏名"列。宏组中的每个宏都必须定义唯一的宏名。运行宏组中宏的格式为：宏组.宏名。

图 9-1 所示是宏组的设计视图。其中包含两个宏，其宏名分别是"欢迎"和"退出"。在

这两个宏中分别含有不同的操作。

图 9-1 宏组的设计视图

（4）调试宏的方法中，使用单步执行宏，可以观察宏的流程和每一个操作的结果，便于发现错误。请说明对宏进行单步执行的操作步骤。

【参考答案】

对宏进行单步执行的操作步骤如下。

① 在宏生成器窗口中打开需要进行调试的宏对象，单击"设计"选项卡中"工具"组内的"单步"按钮，使其处于选定状态。

② 单击"运行"按钮，弹出"单步执行宏"对话框，如图 9-2 所示。

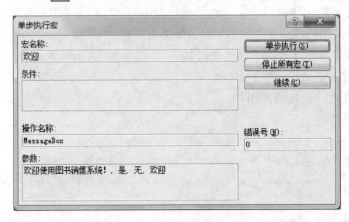

图 9-2 "单步执行宏"对话框

③ 在"单步执行宏"对话框中包含三个按钮："单步执行""停止所有宏"和"继续"。单击"单步执行"按钮，用来执行显示在对话框中的操作。如果没有错误，下一个操作将会出现在对话框中。单击"停止所有宏"按钮，以停止宏的执行并关闭对话框。单击"继续"按钮，用来关闭单步执行并执行宏的未完成部分。

（5）如何打开宏生成器？

【参考答案】 打开宏生成器的方法有两种：第一种，在 Access 窗口中选择"创建"选项卡，在"宏与代码"组中，单击"宏"按钮，即打开宏生成器窗口；第二种，选择要使用宏的窗体或报表控件，切换到设计视图，然后单击"属性表"，打开其属性窗口，在"事件"选项卡中，选择触发宏的事件(例如,单击)右边的生成器按钮 ,选择"宏生成器",确定,即进入宏生成器窗口。

(6) 宏生成器中的核心任务是什么?

【参考答案】 宏生成器中的核心任务就是在"添加新操作"列中添加一个或多个操作,并为各个操作设置其所涉及的参数。

(7) 在宏生成器中设置参数时,应该注意什么?

【参考答案】 设置操作参数时,应该按照参数的顺序来进行,前面参数的设置将决定后面参数的选择。当鼠标指针指向所设操作,或指向操作下面的参数栏时,Access 将自动弹出解释框以给出相关说明,可以根据提示完成相应的设置。设置宏操作及相关参数完毕以后,关闭宏窗口,并为新创建的宏命名。

(8) 如果创建了 AutoExec 宏,但不希望在打开数据库时直接运行,如何操作?

【参考答案】 如果创建了 AutoExec 宏,但不希望在打开数据库时直接运行,可以在双击数据库图标启动 Access 时同时按住 Shift 键不放开,就可以跳过 AutoExec 宏的自动执行。

9.3　实验题 9 解答

实验题 9-1　在窗体中加入宏

给定第 5 章实验题 5-2 所完成的图书销售.accdb 数据库,有表:部门、出版社、售书单、售书明细、图书、员工。

创建一个"图书查询"窗体,窗体包含一个组合框和一个文本框。在组合框中,用户可以选择图书的查询项,比如,按照书名、作者或出版社进行查询。选择特定查询项后,在文本框中输入该项具体值,单击"查询"按钮,能够显示出相应的记录,如图 9-3 所示。

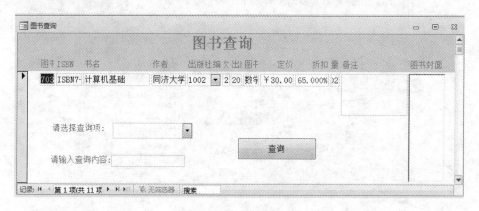

图 9-3　"图书查询"窗体

【操作步骤参考】

参阅主教材 9.4.2 节的例 9-3。

1. 创建"图书查询"窗体

(1) 在"创建"选项卡中单击"窗体向导"按钮,以"图书"表作为数据源,选择所有可用字段,将窗体布局设定为"表格",指定窗体标题为"图书查询",同时选择"修改窗体设计"单选项,打开窗体设计视图。

(2) 在设计视图中的"窗体页眉"区的标题"图书查询"属性进行一定的修改,使其美观醒目。

（3）在主体区添加一个组合框控件。打开组合框属性窗口，将其"名称"属性设为ComboType，"行来源类型"设置为值列表，"行来源"中输入："项目编号"；"项目名称"；"项目类别"。相关的标签的标题属性为"请选择查询项"。

（4）添加一个非绑定文本框，修改"名称"属性为TextContent，相关的标签的"标题"属性设为"请输入查询内容"。

（5）添加一个命令按钮，按钮上显示的文字为"查询"，"名称"属性为"cmd查询"。

2. 创建宏"查询图书"

（1）在"创建"选项卡中单击"宏"按钮，打开宏设计窗口。

（2）在"添加新操作"列表中选择"if"操作。

（3）在"if"行右侧单击调用生成器按钮 🖎，打开"表达式生成器"对话框。

（4）在"表达式生成器"对话框的"表达式元素"区域展开的"Forms"树形结构中，选择"加载的窗体"，进一步展开"所有窗体"，单击"图书查询"窗体。这时，在相邻的表达式类别列表框中显示被选中的窗体所包含的控件，双击"ComboType"。在"表达式生成器"对话框上部的文本框中出现"［Forms］！［图书查询］！［ComboType］"，在其后输入"＝"书名""，完成表达式的建立，如图9-4所示，单击"确定"按钮后，该表达式出现在第一行的"条件"列中。接下来在"Then"下面的"添加新操作"列表中选择"ApplyFilter"，其参数"当条件＝"后面表达式为：［图书］！［书名］＝［Forms］！［图书查询］！［TextContent］。

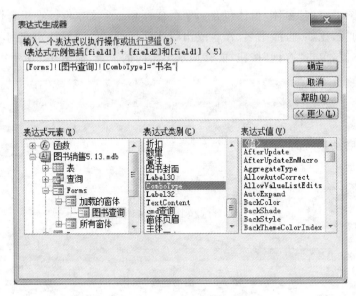

图9-4 生成条件表达式

（5）使用相同的方法，设置宏的第二个"if"操作的条件为［Forms］！［图书查询］！［ComboType］＝"作者"，"Then"后面的宏操作为ApplyFilter，其参数"当条件＝"为：［图书］！［作者］＝［Forms］！［图书查询］！［TextContent］。

（6）使用相同的方法，设置宏的第三个"if"操作的条件为［Forms］！［图书查询］！［ComboType］＝"出版社"，"Then"后面的宏操作为ApplyFilter，其参数"当条件＝"为：［图书］！［出版社］＝［Forms］！［图书查询］！［TextContent］。具体设置结果如图9-5所示。

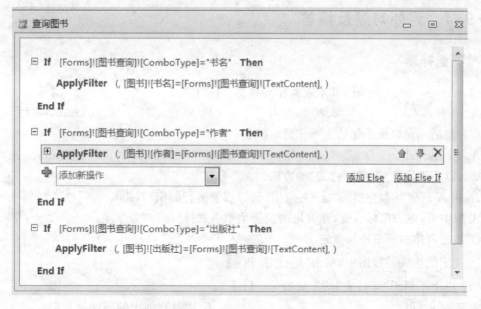

图 9-5 "查询图书"宏

(7) 保存宏,将其命名为"查询图书"。

3. 将宏"查询图书"与窗体中的按钮联接

(1) 重新打开"图书查询"窗体设计视图。

(2) 选择命令按钮"查询",右键单击工具栏中的"属性"按钮,打开其属性窗口。设置按钮的"单击"事件为运行宏"查询图书",如图9-6所示。

此时,运行"图书查询"窗体,可以根据指定的查询类型和查询内容,筛选出符合条件的图书记录。例如选择查询项为"书名",查询内容为"数据挖掘",查询结果如图9-7所示。

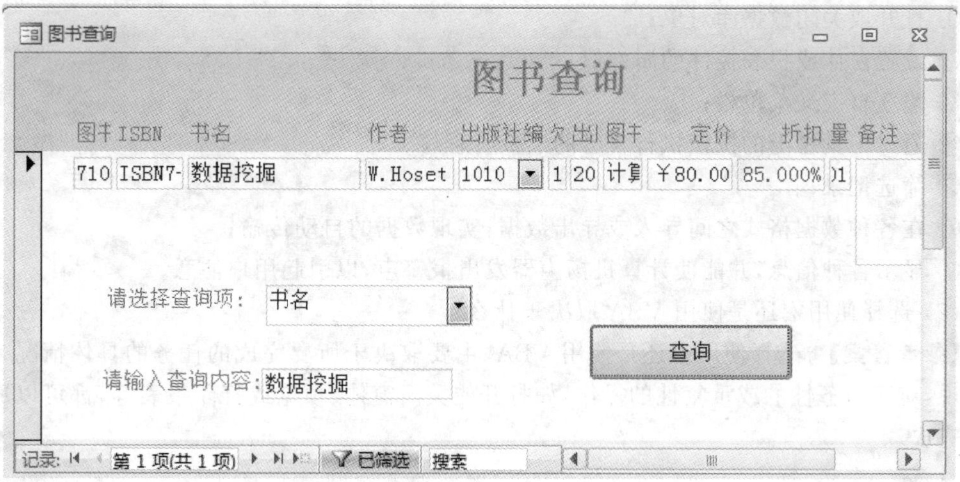

图 9-6 设置宏与按钮的单击事件的联系

图 9-7 查询结果

9.4 课外习题及解答

一、单项选择题

(1) Access 2010 提供的基本宏操作种数是 【A】

A. 70 种左右　　　　　B. 80 种左右　　　　　C. 90 种左右　　　　　D. 100 多种

(2) 使活动窗口最小化的宏操作是 【B】

A. MesssageBox　　　　B. Minimize　　　　C. Maxmize　　　　D. RunMacro

(3) 以下不属于"直接运行宏"的方法的是 【C】

A. 在 Access 导航窗格的"宏"对象中,选择需要运行的宏(双击)

B. 选中宏,单击鼠标右键,在弹出的快捷菜单中选择"运行"命令项

C. 通过窗体中的事件触发宏

D. 在宏的生成器视图中,单击"运行"按钮

(4) 以下不属于"运行宏"的方法的是 【B】

A. 直接运行　　　　　　　　　　　　B. 通过查询中的事件触发宏

C. 通过窗体中的事件触发宏　　　　　D. 通过报表中的事件触发宏

二、填空题

(1) 宏的应用包括创建宏和运行宏两个基本步骤。

(2) 从创建的角度讲,宏可以分为两类:独立宏、嵌入式宏。

(3) MessageBox 操作参数共有 4 个,分别是消息、发嘟嘟声、类型和标题。

(4) OpenForm 的操作参数有 3 个,分别是窗体名称、视图和窗口模式。

(5) Access 提供了一个特殊的宏名称 AutoExec,是自动运行宏。

三、问答题

(1) 宏的主要功能是什么?

【参考答案】

使用宏,可以实现以下一些操作:

① 打开或关闭数据库对象;

② 设置窗体或报表控件的属性值;

③ 建立自定义菜单栏;

④ 通过工具栏上的按钮执行自己的宏或者程序;

⑤ 筛选记录;

⑥ 在各种数据格式之间导入或导出数据,实现数据的自动传输;

⑦ 显示各种信息,并能使计算机扬声器发出报警声,以引起用户注意。

(2) 选择使用宏还是使用 VBA 取决于什么?

【参考答案】 选择使用宏还是使用 VBA,主要取决于所要完成的任务的具体情况。一般来说,对于事务性的或重复性的操作,如打开或关闭窗体、预览或打印报表等,都可以通过宏来完成。

第⑩章 模块对象及 Access 程序设计

10.1 学 习 指 导

模块对象是 Access 2010 的对象之一。

对于 Access 的大多数应用来说，前面介绍的对象已经能够很好地完成。但是，对于一些比较复杂的数据处理，仅利用现有的手段是不够的，用户需要在数据处理的过程中编写一些程序代码，即组织模块对象。

模块是利用程序设计语言编写的命令集合，运行模块能够实现数据处理的自动化。在 Access 中，通过"模块"对象，可以实现编写程序的功能。Access 采用的程序设计语言是 VBA。在 Access 中，设计模块就是利用 VBA 进行程序设计。

本章我们学习使用 VBA 语言进行程序设计和数据处理的有关知识。

（一）学习目的

模块是 Access 数据库 6 个组成对象之一，也是我们所要介绍 6 个对象的最后一个。

模块是与 VBA 程序设计分不开的。Access 的模块就是使用 VBA 语言编写的、为完成特定任务的命令代码集合，这就是 Access 程序设计。

通过学习本章，要清楚模块对象的基本概念、VBA 语言及编写模块的工具 VBE；要掌握的主要是 Access 程序设计即 VBA 编程基础，包括结构化程序设计及面向对象程序设计，以及数据库访问基础（ADO）。

（二）学习要求

本章介绍 Access 模块的基本功能。

模块是数据库对象，用来实现数据库中比较复杂的处理功能。模块是通过 VBA 语言来实现的，VBA 是 Microsoft Office 内置编程语言。

VBA 是基于 VB 的程序语言。VBA 的主要类型包括字节型、布尔型、整型、长整型、单精度型、双精度型、货币型、小数型、字符型、对象型、变体型和用户自定义型。

VBA 中的数据表示分为常量和变量。运算通过表达式进行。由常量、变量、函数和运算符组成的式子被称为表达式。按照运算符的不同，表达式可以分为五种类型：算术表达式、字符串表达式、关系表达式、逻辑表达式和日期表达式。

程序是处理某个问题的命令的集合。VBA 程序由模块组成。每一个模块包含声明部分和若干个过程。过程可分为 Sub 过程、Function 函数。Sub 过程主要用于实现某个功能；Function 函数主要用于求值，要求返回函数计算的结果。

按照结构化程序设计方法，每个过程只需要使用顺序结构、分支结构和循环结构三种流程结构。在一个过程中可以调用其他过程。在调用过程或函数时可传递参数，参数的传递方式有传值方式和传址方式两种。

过程或变量的可被访问的范围被称为过程或变量的作用域。过程的作用域分为模块级和全局级,变量的作用范围可以分为局部变量、模块变量和全局变量。

开发 VBA 的环境是 VBE(visual basic editor),在 VBE 中输入的代码将保存在 Access 的模块中,通过"事件"来启动模块并执行模块中的代码。

VBE 包含多个窗口,其中最重要的是"代码窗口",在"代码窗口"中输入代码。

VBA 采用了面向对象程序设计的方法,将对象作为程序的基本单元,将程序和数据封装其中。程序是由事件来驱动的,每个对象都能够识别系统预先定义好的特定事件。当事件被激活时,执行预先定义在该事件中的代码。

使用 ADO 可以建立 VBA 程序与数据库之间的联接,允许对数据库进行操作。其访问数据库中数据的步骤可以分为:定义 Connection 对象建立与数据源的联接;使用 Command 对象向数据源发出数据操作命令;使用 recordset 对象提供的方法,查询记录,或者对记录集进行更新、添加、删除记录等操作;最后断开与数据源的联接。

10.2 习题 10 解答

一、单项选择题

(1) D (2) A (3) B (4) C (5) B (6) A (7) D (8) B (9) C (10) A

二、填空题

(1) VBA 的程序模块由一组声明和若干个<u>过程</u>组成。

(2) 代码窗口的主要部件有:"<u>对象</u>"列表框和"过程/事件"列表框。

(3) 属性窗口可以选择按字母序或按分<u>类序</u>方式查看属性。

(4) "对象"列表框显示所选窗体中的所有<u>对象</u>。

(5) "过程/事件"列表框列出与所选对象相关的<u>事件</u>。

(6) 当选定了一个对象和其相应的事件后,与该事件名称相关的过程就会显示在<u>代码</u>窗口中。

(7) 本地窗口用来显示当前过程中的所有声明了的变量名称、值和<u>类型</u>。

(8) 当工程中含有<u>监视表达式</u>时,监视窗口就会自动出现。

(9) 直接在立即窗口中输入的命令语句是<u>不能</u>保存的。

(10) 可以用<u>对象浏览器</u>来搜索及使用既有的对象,或是来源于其他应用程序的对象。

三、名词解释题

(1) ADODB。

【参考答案】 ADODB 是 VBA 访问数据库的方法技术 ADO 类库的名称。编程时放在 Connection 对象名前。

(2) Connection。

【参考答案】 Connection 是 VBA 访问数据库的方法技术 ADO 对象模型中最主要的三个对象之一,用来建立应用程序和数据源之间的联接,是访问数据源的首要条件。

(3) ADO 类库。

【参考答案】 ADO 采用面向对象的方法设计,在 ADO 中提供了一组对象,各对象完成不同的功能,用于响应并执行数据的访问和更新请求。各个对象的定义被封装在 ADO 类库中。因此,在 Access 中要使用 ADO 对象,需要先引用 ADO 类库。

（4）Command。

【参考答案】 Command 是 VBA 访问数据库的方法技术 ADO 对象模型中最主要的三个对象之一。用来将处理数据库的 SQL 语句(如 SELECT、INSERT 等)传送到数据库中,数据库执行传递的语句。

（5）Recordset。

【参考答案】 Recordset 是 VBA 访问数据库的方法技术 ADO 对象模型中最主要的三个对象之一。用来将处理数据库的结果保存在本对象的记录集中,然后传回到高级语言,这样,VBA 就可以处理相应的数据了。

（6）Fields。

【参考答案】 Fields 是 ADO 提供的四个对象集合之一。Fields 集合包含在 Recordset 和 Record 对象中。本集合主要提供一些方法和属性,包括 Count 属性、Refresh 方法、Item 方法等。

（7）Properties。

【参考答案】 Properties 是 ADO 提供的四个对象集合之一。Connection、Command、Recordset 对象都具有 Properties 集合。本集合主要用来记录相应 ADO 对象的每一项属性值,包括 Name 属性、Value 属性、Type 属性、Attributes 属性等。

（8）VBA 的程序模块。

【参考答案】 所谓 VBA 的程序模块是由一组声明和若干个过程(可以是 Sub 过程、Function 函数过程或者 Property 属性过程)组成的。

（9）对象浏览器。

【参考答案】 对象浏览器用来显示对象库以及工程里的过程中的可用类、属性、方法、事件以及常数变量。可以用它来搜索及使用既有的对象,或是来源于其他应用程序的对象。

（10）本地窗口。

【参考答案】 本地窗口用来显示当前过程中的所有声明了的变量名称、值和类型。

四、问答题

（1）Access 模块对象的主要功能是什么?

【参考答案】 在 Access 中,通过"模块"对象,可以实现编写程序的功能。Access 采用的程序设计语言是 VBA。在 Access 中,设计模块就是利用 VBA 进行程序设计。

（2）试述程序设计的概念。

【参考答案】 编写程序的过程就是程序设计。计算机能够识别并执行人们设计好的程序,来进行各种数据的运算和处理。

程序设计必须遵循一定的设计方法,并按照所使用的程序设计语言的语法来编写程序。

（3）目前主要的程序设计方法有哪两类? 简要说明。

【参考答案】 目前主要的程序设计方法有面向过程的结构化程序设计方法和面向对象的程序设计方法。其中,结构化程序设计方法是面向对象程序设计的基础。

结构化程序设计遵循自顶向下和逐步求精的思想,采用模块化方法组织程序。结构化程序设计将一个程序划分为功能相对独立的较小的程序模块。一个模块由一个或多个过程构成,在过程内部只包括顺序、分支和循环三种程序控制结构。结构化程序设计方法使得程序设计过程和程序的书写得到了规范,极大地提高了程序的正确性和可维护性。

面向对象程序设计方法,是在结构化程序设计方法的基础上发展起来的。面向对象的程序设计以对象为核心,围绕对象展开编程。

(4) 简述 Access 模块的种类。

【参考答案】 Access 模块有两种基本类型:类模块和标准模块。

类模块是含有类定义的模块,包含类的属性和方法的定义。窗体模块和报表模块都是类模块,而且它们各自与某一窗体或报表相关联。窗体和报表模块通常都含有事件过程,该过程用于响应窗体或报表中的事件。可以使用事件过程来控制窗体或报表的行为,以及它们对用户操作的响应,例如用鼠标单击某个命令按钮。

标准模块包含的是通用过程和常用过程,这些通用过程不与任何对象相关联,常用过程可以在数据库中的任何位置运行。

(5) 什么是声明语句?

【参考答案】 声明语句 Dim 位于程序的开始处,用来命名和定义常量、变量和数组。

(6) 什么是执行语句?

【参考答案】 执行语句是程序的主体,用来执行一个方法或者函数,可以控制命令语句执行的顺序,也可以用来调用过程。

(7) 简述结构化程序设计的三大结构。

【参考答案】 结构化程序设计的三大结构是顺序、分支、循环结构。

顺序结构是程序中最基本的结构。程序执行时,按照命令语句的书写顺序依次执行。在这种结构的程序中,一般是先接收用户输入,然后对输入数据进行处理,最后输出结果。

分支结构是对事务做出一定的判断,并根据判断的结果采取不同的行为。

循环结构就是有一部分程序代码被反复执行。具有这种特征的程序结构称为循环结构。被反复地执行的这部分程序代码叫作循环体。

(8) 简述过程调用中的参数传递。

【参考答案】 参数传递的方式有两种:地址传递(传址)方式和值传递(传值)方式。

地址传递方式是指在传递参数时,调用者将实际参数在内存中的地址传递给被调用过程或函数,即实际参数与形式参数在内存中共用一个地址。事实上,地址传递方式让形式参数被实际参数替换掉。

值传递方式是指调用者在传递参数时将实际参数的值传递给形式参数,传递完毕后,实际参数与形式参数不再有任何关系。

在默认情况下,过程和函数的调用都是采用地址传递即传址方式。如果在定义过程或函数时,形式参数前面加上 ByVal 前缀,则表示采用值传递即传值方式传递参数。

(9) 简述过程的作用域。

【参考答案】 过程的作用域分为模块级和全局级。

模块级过程被定义在某个窗体模块或标准模块内部,在声明该过程时使用 Private(私有的)关键字。模块级过程只能在定义的模块中有效,只能被本模块中的其他过程调用。

全局级过程被定义在某个标准模块中,在声明该过程时使用关键字 Public(公共的)。

全局级过程可以被该应用程序中的所有窗体模块或标准模块调用。

（10）简述监视窗口的作用。

【参考答案】 监视窗口的作用是在中断模式下，显示监视表达式的值、类型和内容。向监视窗口中添加监视表达式的方法是：在代码中选择要监视的变量，然后拖动到监视窗口中。

ActiveX 数据访问对象（ADO，ActiveX data objects）来访问数据库。ADO 扩展了 DAO 的对象模型，它包含较少的对象、更多的属性和方法及事件。

目前我们主要使用当代的 ADO 技术。

10.3 实验题 10 解答

实验题 10-1　创建模块与创建新过程

在 Access 下，完成模块对象和过程创建的操作。

【操作步骤参考】

参阅主教材 10.2.2 的内容。

（1）像其他对象那样，如果创建过模块对象，则在 Access 数据库窗口左边导航栏的所有对象列表中就有"模块"对象。这时选择"模块"对象，单击"创建"选项卡下的"模块"工具按钮，即打开 VBE 界面，进入模块编辑状态，并自动添加上声明语句，默认模块对象名为模块 i（$i=1,2,3,\cdots$），如图 10-1 所示。

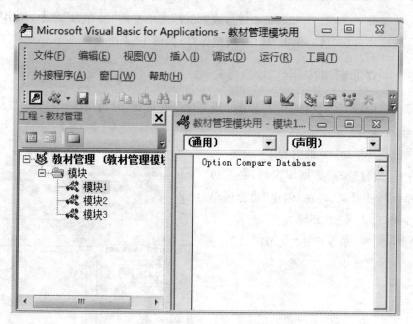

图 10-1　新建模块的 VBE 窗口

（2）单击"插入"菜单的"过程"选项，弹出"添加过程"对话框，如图 10-2 所示。

（3）在"添加过程"对话框的"名称"文本框中输入过程名，如"PRO"，单击"确定"按钮，进入新建过程的状态，并在代码窗口的声明语句后，添加过程说明语句，如图 10-3 所示。

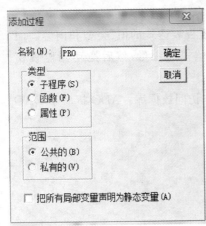

图 10-2 "添加过程"对话框

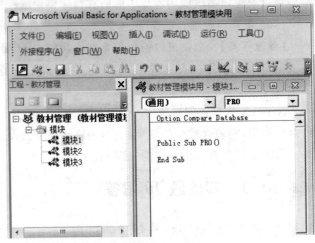

图 10-3 代码窗口

若创建一个函数过程,在"添加过程"对话框的"类型"栏中选中"函数"即可。

接着,就可以在代码窗口中编写模块中的程序代码了。注意在模块编写过程中,要随时保存,以防丢失。

图 10-4 模块命名保存对话框

程序代码编写完成,单击工具栏上的"保存"按钮,或"文件"菜单中的"另存为"命令,弹出"另存为"对话框。设置模块名称,然后单击"确定"按钮保存,如图 10-4 所示。

实验题 10-2 立即窗口应用

在立即窗口中输入主教材 10.2.1 节的相关命令并运行,分析结果。

【操作步骤参考】

参阅主教材 10.2.1 节的内容。

(1) 打开"教材管理"数据库窗口,在左边导航栏选择"模块"对象,再在"创建"功能区单击"模块"按钮,进入 VBE 环境。

(2) 在"视图"菜单下单击"立即窗口"。

(3) 在立即窗口中输入命令:

```
A="Hello"
B="World! "
? A+"   "+B
```

回车,即有结果显示"Hello   World!",如图 10-5 所示。

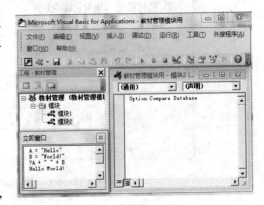

图 10-5 立即窗口

实验题 10-3 计算并显示算术表达式的值

完成主教材中例 10-1 在机器上的实现。

【操作步骤参考】

参阅主教材 10.3.3 的例 10-1 的内容。

（1）打开"教材管理"数据库窗口,在左边导航栏中选择"模块"对象,再在"创建"功能区单击"模块"按钮,进入 VBE 环境。

（2）在"视图"菜单中单击"立即窗口"命令。

（3）在立即窗口中输入以下命令,注意这些表达式的前面必须有输出命令。

图 10-6　算术表达式计算

? (12 * 5-11 * 6)/3	'结果为 -2
? 10 Mod - 4	'结果为 2
? 10+True	'结果为 9,True 转化为整数 -1
?"123" * 2+123	'结果是 369,字符串"123"转化为整数 123

结果如图 10-6 所示。

实验题 10-4　编写程序代码并执行

对于主教材例 10-8 的内容在机器上实现。

【操作步骤参考】

参阅主教材 10.3.4 的例 10-8 的内容。

（1）打开"教材管理"数据库窗口,在"创建"功能区单击"模块"按钮,进入 VBE 环境。

（2）在"视图"菜单中单击"代码窗口"命令。

（3）在代码窗口中建立过程"he"并输入命令:

```
Dim a As String * 10
Let a="Access"
MsgBox Len(a)
```

如图 10-7 所示。

（4）单击"执行"按钮 ▶,可看见结果如图 10-8 所示。

图 10-7　在代码窗口中输入程序代码

图 10-8　运行结果

145

实验题 10-5　MsgBox 函数的应用

将主教材上的例 10-11 在机器上运行并对结果进行分析。

【操作步骤参考】

参阅主教材 10.3.4 的例 10-11 的内容。

(1) 打开"教材管理"数据库窗口,在"创建"功能区单击"模块"按钮,进入 VBE 环境。

(2) 在"视图"菜单中单击"代码窗口"命令。

(3) 在代码窗口中建立过程"he2"并输入命令:

```
Dim Ans as Integer
Ans=MsgBox("欢迎使用教材管理系统",1+64+0,"欢迎信息")
```

如图 10-9 所示。

(4) 单击"执行"按钮 ▶,可看见结果如图 10-10 所示。

(5) 单击"确定"按钮,Ans 返回值 1;单击"取消"按钮,Ans 返回值 2。

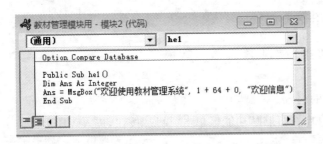

图 10-9　MsgBox 函数应用

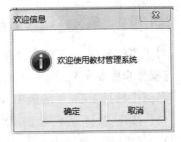

图 10-10　执行结果

实验题 10-6　InputBox 函数的应用

在机器上实现主教材上的例 10-12。

【操作步骤参考】

参阅主教材 10.3.4 的例 10-12 的内容。

(1) 打开"教材管理"数据库窗口,在"创建"功能区单击"模块"按钮,进入 VBE 环境。

(2) 在"视图"菜单中单击"代码窗口"命令。

(3) 在代码窗口中建立过程"he3"并输入命令:

```
Dim User As String
User=InputBox("请输入你的用户名:","登录","何苗")
MsgBox"欢迎你:"+User,vbOkOnly+vbInformation,"欢迎"
```

如图 10-11 所示。

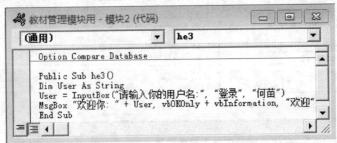

图 10-11　建立过程 he3

（4）单击"执行"按钮 ▶，可看见结果如图 10-12 所示。首先弹出一个带文本框的对话框，并接收用户输入的用户名信息。

当用户单击"确定"按钮以后，用户的输入值将赋给变量 User。系统弹出一个信息提示对话框，在该对话框中显示 User 的值，如图 10-13 所示。

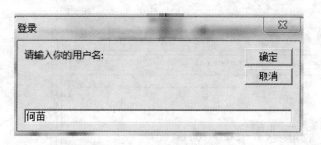

图 10-12 "登录"对话框

图 10-13 信息提示对话框

实验题 10-7 计算 n 的阶乘

建立求 n 的阶乘的模块并运行。

本实验请参阅主教材 10.4.3 的例 10-19 的内容。

【算法】

阶乘的数学定义是：$n! = 1 \times 2 \times \cdots \times n$。可以采取分步相乘的方法。

编写函数 Factorial()求 n 的阶乘。设变量 S 存放计算结果，设置 S 初值为 1，然后每次与一项相乘，一直从 1 乘到 n 为止。最后，将 S 的值赋给函数名 Factorial 作为函数的返回值。另外，创建一个过程 number()用来接收用户输入的自然数 n，然后需要计算阶乘时调用函数 Factorial()。

过程 number 和函数 Factorial 的定义如下：

```
Public Sub number()
    Dim n As Integer
    n=InputBox("请输入一个正整数:")
    MsgBox Str(n) +"的阶乘是: "+Str(Factorial(n))
End Sub
Public Function Factorial(n As Integer) As Long
    Dim i As Integer, s As Long
    s=1
    For i=1 To n
    s=s * i
    Next i
    Factorial=s
End Function
```

【操作步骤参考】

（1）打开"教材管理"数据库窗口，在"创建"功能区单击"模块"按钮，进入 VBE 环境。

（2）在"视图"菜单中单击"代码窗口"命令。

（3）新建模块，模块对象名为"求阶乘"。

（4）在 VBE 的代码窗口插入过程。先添加名称为 number、类型为子程序的过程，再插入名称为 Factorial、类型为函数的过程。将这两段程序存放在一个模块中,如图 10-14 所示。

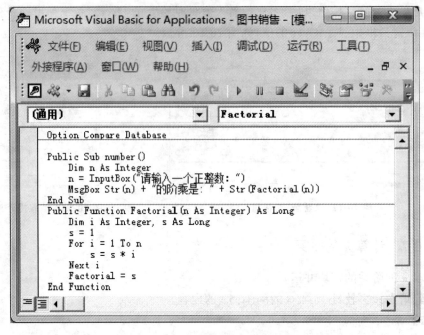

图 10-14　阶乘计算过程的程序代码

(5) 运行程序,弹出输入对话框,如图 10-15 所示。输入 10,单击"确定"按钮,出现结果显示对话框,如图 10-16 所示。

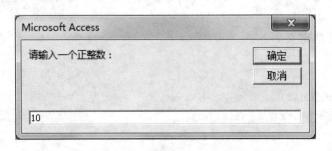

图 10-15　输入对话框

图 10-16　结果显示对话框

实验题 10-8　变量作用域

本实验是完成主教材 10.4.3 例 10-21 的上机实现。

【算法】

在标准模块中声明并引用不同作用域的变量。

```
Option Compare Database
Public a As Integer          '声明全局变量a
Private c As Integer         '声明模块变量c

Private Sub proc1()
Dim b As Integer             '声明局部变量b
```

```
a=1
b=3
c=5
Debug.Print a, b, c
End Sub

Private Sub proc2()
Call prc1                    '调用过程 Prc1()
Debug.Print a, b, c
End Sub
```

运行 proc1。proc1 中声明一个局部变量 b,并且给全局变量 a、局部变量 b 及模块变量 c 赋值,显示结果如下:

```
1    3    5
```

运行 proc2。首先调用 proc1,输出变量 a、b、c 的值,然后返回调用点继续向下执行 Debug 语句,再次输出三个变量的值。由于变量 b 为 proc1 中声明的局部变量,因此在 proc2 中不能被引用。显示结果如下:

```
1    3    5
1         5
```

【操作步骤参考】

(1) 打开"教材管理"数据库窗口,在"创建"功能区单击"模块"按钮,进入 VBE 环境。

(2) 在"视图"菜单中单击"代码窗口"命令。

(3) 新建模块,模块对象名为"变量作用域"。

(4) 在 Option Compare Database 下录入以下两条语句,如图 10-17 所示。

```
Public a As Integer      '声明全局变量 a
Private c As Integer     '声明模块变量 c
```

图 10-17　定义变量

(5) 单击"插入"菜单的"过程"选项,弹出"添加过程"对话框。在该对话框中,在"名称"文本框中输入过程(Sub 子过程)名"proc1",在"类型"栏中选中"子程序",在"范围"栏中选中"私有的",如图 10-18 所示。

(6) 单击"确定"按钮,进入新建过程的状态,并在代码窗口的声明语句后,添加以下过程语句。

```
Dim b As Integer       '声明局部变量 b
a=1
```

```
b=3
c=5
Debug.Print a, b, c
```

（7）以同样的方法插入和完成过程 proc2，如图 10-19 所示。

图 10-18　添加过程 proc1

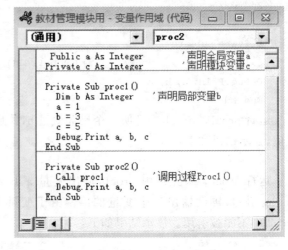

图 10-19　完成模块

（8）在"代码窗口"顶部右边的列表框（开始为"声明"）中选择"proc1"事件，然后单击"执行"按钮 ，即直接运行模块 proc1，结果在立即窗口中，如图 10-20 所示。

（9）在"代码窗口"顶部右边的"过程/事件"列表框中选择"proc2"事件，然后单击"执行"按钮 ，即运行模块 proc2 并调用了 proc1，结果在立即窗口中显示，如图 10-21 所示。

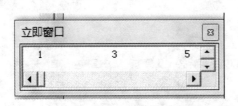

图 10-20　运行 proc1 的结果

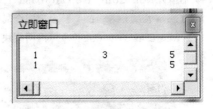

图 10-21　运行 proc2 的结果

10.4　课外习题及解答

一、单项选择题

（1）在立即窗口中对输入的命令语句不能完成的是　【C】

A. 立即执行　　　　　　　　　　　　　　B. 查看输出语句执行的结果

C. 能保存　　　　　　　　　　　　　　　D. 不能保存

（2）过程分为 2 种类型：Function 函数过程和　【B】

A. 查询过程　　　　　B. Sub 子过程　　　　　C. 报表过程　　　　　D. 本地过程

（3）以下 Function 函数过程格式正确的是　【A】

A. Function 函数名 1()

　　　　语句行（用户自行设计）

　　End function

B. Function 函数名 1()

語句行(用户自行设计)

End

C. Function 函数名 1()

語句行(用户自行设计)

End sub

D. Function 函数名 1()

語句行(用户自行设计)

End proc

(4) VBA 的小数型数据的存储空间是 【D】

A. 2 字节   B. 4 字节   C. 8 字节   D. 12 字节

(5) VBA 的整型数据的存储空间是 【A】

A. 2 字节   B. 4 字节   C. 8 字节   D. 12 字节

(6) 以下不属于 VBA 常量的是 【C】

A. 直接常量   B. 符号常量   C. 全程常量   D. 固有常量

(7) 以下属于 ADO 库的固定常量是 【A】

A. adAddNew   B. vbBlack   C. vbYesNo   D. acForm

(8) 仅在定义它的模块中有效的内存变量是 【A】

A. 局部变量   B. 半程变量   C. 全程变量   D. 模块变量

(9) 以下属于 Access 日期和时间函数的是 【B】

A. Asc(字符表达式)   B. Date()

C. Int(数值表达式)   D. Str(数值表达式)

(10) MsgBox()函数应用中,"取消"按钮的返回值是 【B】

A. 1   B. 2   C. 6   D. 7

二、填空题

(1) 代码窗口的主要部件有:"对象"列表框和"过程/事件"列表框。

(2) 属性窗口可以选择按字母序或按分类序方式查看属性。

(3) 当选定了一个对象和其相应的事件后,与该事件名称相关的过程就会显示在代码窗口中。

(4) 本地窗口用来显示当前过程中的所有声明了的变量名称、值和类型。

(5) 当工程中含有监视表达式时,监视窗口就会自动出现。

(6) 直接在立即窗口中输入的命令语句是不能保存的。

(7) 可以用对象浏览器来搜索及使用既有的对象,或是来源于其他应用程序的对象。

(8) Access 模块在 VBE 界面的代码窗口中编写。

(9) 过程分为 2 种类型:Sub 子过程和 Function 函数过程。

三、名词解释题

(1) 常量。

【参考答案】 常量是指在程序运行过程中固定不变的量,用来表示一个具体的、不变的值。

（2）变量。

【参考答案】 在程序运行的过程中允许其值变化的量称为变量。

（3）方法。

【参考答案】 方法是对象能够执行的动作,决定了对象能完成什么事。

（4）表达式的值。

【参考答案】 表达式按照运算规则经过运算求得结果,称为表达式的值。

（5）对象。

【参考答案】 在面向对象程序设计中,对象是构成程序的基本单元和运行实体。

（6）Parameters。

【参考答案】 ADO 提供的四个对象集合之一。Parameters 集合包含在 Command 对象中,负责记录程序中要传递参数的相关属性。

（7）Errors。

【参考答案】 ADO 提供的四个对象集合之一。Errors 集合包含在 Connection 对象中,负责记录存储一个系统运行时发生的错误或警告。

四、问答题

（1）什么是模块?

【参考答案】 模块是利用程序设计语言编写的命令集合,运行模块能够实现数据处理的自动化。

（2）试述程序概念。

【参考答案】 使用设计好的某种计算机语言,用一系列语言的语句或命令,将一个问题的计算和处理过程表达出来,这就是程序。

程序是命令的集合。人们把为解决某一问题而编写在一起的命令系列以及与之相关的数据称为程序。

（3）简述应用模块对象的基本步骤。

【参考答案】 应用模块对象的基本步骤如下。

第一,定义模块对象。在 Access 数据库窗口中,进入模块对象界面,然后调用模块编写工具 VBE,编写模块的程序代码,并保存为模块对象。

VBA 编写的模块由声明和一段段称为过程的程序块组成。有两种类型的程序块:Sub 过程和 Function 过程。过程由语句和方法组成。

第二,引用模块,运行模块代码。根据需要,执行模块的操作有如下几种。

① 在编写模块 VBE 的代码窗口中,如果过程没有参数,可以随时单击"运行"菜单中的"运行子过程/用户窗体",即可运行该过程。这便于程序编码的随时检查。

② 保存的模块可以在 VBE 中通过"立即窗口"运行。这便于检查模块设计的效果。

③ 对于用来求值的 Function 函数,可以在表达式中使用。例如,可以在窗体、报表或查询中的表达式内使用函数,也可以在查询和筛选、宏和操作、Visual Basic 语句和方法或 SQL 语句中将表达式用作属性设置。

④ 创建的模块是一个事件过程。当用户执行引发事件的操作时,可运行该事件过程。

例如,可以向命令按钮的"单击"事件过程中添加代码,当用户单击按钮时,可以执行这些代码。

⑤ 在宏中,执行 RunCode 操作来调用模块。RunCode 操作可以运行 Visual Basic 语言

的内置函数或自定义函数。若要运行 Sub 过程或事件过程,可创建一个调用 Sub 过程或事件过程的函数,然后再使用 RunCode 操作来运行函数。

(4) 什么是赋值语句?

【参考答案】 赋值语句用来为变量指定一个值或者表达式。

(5) 简述变量的作用域。

【参考答案】 根据变量的作用范围,变量可以分为局部变量、模块变量和全局变量。

局部变量被定义在某个子过程中,使用 Dim 关键字声明该变量。在子过程中未声明而直接使用的变量,即隐式声明的变量,也是局部变量。另外,被调用函数中的形式参数也是局部变量。局部变量的有效范围只在本过程内,一旦该过程执行完毕,局部变量将自动被释放。

模块变量被定义在窗体模块或标准模块的声明区域,即在模块的开始位置。模块变量的声明使用关键字 Dim 或者 Private。模块变量可以被其所在的模块中的所有过程或函数访问,其他模块不能访问。模块运行结束时,则释放该变量。

全局变量被定义在标准模块的声明区域,使用关键字 Public 声明该变量。全局变量可以被应用程序所有模块的过程或函数访问。全局变量在应用程序中的整个运行过程中都存在,只有当程序运行完毕才被释放。

(6) 什么是对象的事件? 谈谈你对对象事件的理解。

【参考答案】 事件是一种特定的操作,在某个对象上发生或对某个对象发生的动作。Access 可以响应多种类型的事件:鼠标单击、数据更改、窗体打开或关闭以及许多其他类型的事件。每个对象都设计并能够识别系统预先定义好的特定事件。比如,命令按钮可以识别鼠标的单击(Click)事件。事件的发生通常是用户操作的结果(当然也可以是由系统引发的,如窗体的 Timer 事件,就是按照指定的事件间隔由系统自动触发的),一旦用户单击了某个按钮,则触发了该按钮的 Click 事件。程序由事件驱动。如果此时该事件过程内提供了需要进行的操作代码,则执行这些代码。用户在激活某个事件或某个对象时,使用的是一些命令,如 DoCmd. openform(打开窗体)、InputBox()(接收输入信息)等。

(7) 试述 VBE 的常用窗口。

【参考答案】

① 工程资源管理器窗口:用来显示工程的一个分层结构列表以及所有包含在此工程内的或者被引用的全部工程。

② 属性窗口:列出所选的对象的所有属性,可以选择“按字母序”或“按分类序”方式查看属性。

③ 代码窗口:VBE 窗口中最重要的组成部分,所有 VBA 的程序模块代码的编写和显示都是在该窗口中进行的。代码窗口的主要部件有:“对象”列表框和“过程/事件”列表框。

④ 立即窗口。在立即窗口中可以键入或者粘贴命令语句,在按下 Enter 键后就执行该语句。若命令中有输出语句,就可以查看输出语句执行的结果。

⑤ 监视窗口。当工程中含有监视表达式时,监视窗口就会自动出现,也可以从“视图”菜单中选择“监视窗口”命令项。监视窗口的作用是在中断模式下,显示监视表达式的值、类型和内容。

⑥ 本地窗口。本地窗口用来显示当前过程中的所有声明了的变量名称、值和类型。

⑦ 对象浏览器。对象浏览器用来显示对象库以及工程里的过程中的可用类、属性、方法、事件以及常数变量。可以用它来搜索及使用既有的对象,或是来源于其他应用程序的对象。

第11章 协作与数据交换

很多应用软件的数据源是数据库系统,数据库是信息的来源和存储地,Access 在开发时考虑到了这一方面的需要,提供了许多与其他应用产品软件进行协同工作的功能。另外,Access 也提供了与其他数据存储工具之间进行数据交换的功能。

通过本章的学习,我们可以扩大有关数据处理的知识面。

11.1 与 SharePoint 协作

与 Access 的早期版本不同,Access 2010 停止了对数据访问页的支持,转而增强了网络协同开发与共享功能。通过将 Access 2010 与 SharePoint 站点的结合,可以继续使用 Access 的数据输入和分析功能,并为网页应用提供支持。

11.1.1 SharePoint 产品

1. SharePoint 简介

Microsoft SharePoint 2010 提供企业级功能来满足关键业务需求,例如管理内容和业务流程、简化人员跨部门查找和共享信息的方式,以及做出合理的决策。通过使用 SharePoint 2010(包括 Microsoft SharePoint Foundation 2010 和 Microsoft SharePoint Server 2010)的组合协作功能,再加上 Microsoft SharePoint Designer 2010 的设计和自定义功能,组织能够支持自己的用户创建、管理和轻松地生成可在整个组织内检测到的 SharePoint 网站。

SharePoint Foundation 是所有 SharePoint 网站的基础技术。它可以免费获得,早期版本称为 Windows SharePoint Services。使用 SharePoint Foundation 可以快速创建许多类型的网站,并在这些网站中的网页、文档、列表、日历和数据上进行协作,帮助企业用户共享观点、组织信息和完成更多工作,可以提高生产力。

SharePoint Server 2010 则是一个服务器产品,它依靠 SharePoint Foundation 技术,为列表和库、网站管理及网站自定义提供熟悉的一致框架。除了包含 SharePoint Foundation 中所提供的全部功能以外,SharePoint Server 2010 还通过提供附加特性和功能,对 SharePoint Foundation 进行了扩展。例如,SharePoint Server 和 SharePoint Foundation 都包含可供与同事协作创建工作组网站、博客和会议工作区的网站模板。但 SharePoint Server 包括增强的社会化计算功能,如可帮助组织中的人员发现、组织、导航并与同事共享信息的标记和新闻源。同样,SharePoint Server 也增强了 SharePoint Foundation 的搜索技术,包括对大型组织中的员工十分有用的功能,如在 SAP、Siebel 及其他业务应用程序中搜索业务数据的功能。

2. SharePoint 网站

SharePoint 网站由一组相关网页构成,工作组可以在网站中处理项目、召开会议及共享信息。例如,工作组可能拥有专门的网站,用于存储日程表、文件和过程信息。所有 SharePoint 网站都有一些共同要素,包括列表、库、Web 部件和视图等。用户可以通过 SharePoint Foundation 2010 和 Microsoft SharePoint Server,结合自身的需求来对这些要素进行设计,实现自己的 SharePoint 网站,如图 11-1 所示。

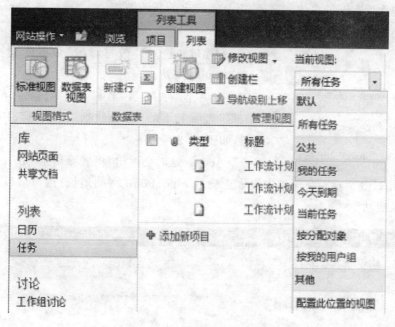

图 11-1 设计 SharePoint 网站

（1）列表。列表是一个网站组件，可以在其中存储、共享和管理信息。例如，用户可以创建任务列表跟踪工作分配或跟踪日历上的工作组活动，还可以在讨论板上开展调查或主持讨论。

（2）库。库是特殊类型的列表，用于存储文件和文件的相关信息。用户可以控制在库中查看、跟踪、管理和创建文档的方式。库是网站上的一个位置，在该位置，工作组成员可以一起创建、收集、更新和管理文件。每个库都会显示一个文件列表以及有关文件的关键信息，这有助于用户使用文件协同工作。通过从 Web 浏览器上下载文件，可以将文件添加到库中。将文件添加到库中之后，具有适当权限的其他人也可以查看此文件。如果添加文件时用户正在查看此库，则可能需要刷新浏览器才能看到新文件。

（3）视图。可以使用视图查看列表或库中最重要的项目或最适合某种用途的项目。例如，可以为列表中适用于特定部门的所有项目创建视图，或为库中突出显示的特定文档创建视图。用户可以创建列表或库的多个视图供人们选择，还可以使用 Web 部件在网站的不同网页上显示列表或库视图。

（4）Web 部件。Web 部件是模块化的信息单元，它构成了网站上大多数网页的基本构建基块。如果用户有权编辑网站上的网页，就可以使用 Web 部件自定义网站，以便显示图片和图表、其他网页的部分内容、文档列表、业务数据的自定义视图等。

11.1.2 Access 与 SharePoint 数据关联

使用 Access 2010 可以通过多种不同的方式从 SharePoint 网站共享、管理和更新数据。

1. 数据库的迁移

在将数据库从 Access 迁移到 SharePoint 网站时，用户将在 SharePoint 网站上创建列表，它们保持与数据库中的表的链接关系。迁移数据库时，Access 将创建一个新的前端应用程序,其中包含所有旧的窗体和报表,以及刚导出的新的链接表。"迁移到 SharePoint 网站向导"将帮助用户同时迁移所有表中的数据。

图 11-2 "SharePoint"按钮

【例 11-1】 将"教材管理"数据库迁移到指定的 SharePoint 网站。

在 Access 中打开"教材管理"数据库,单击"数据库工具"选项卡下的"移动数据"组中的"SharePoint"按钮,如图 11-2 所示。

Access 这时会弹出"将表导出至 SharePoint 向导"对话框,如图 11-3 所示。在向导中输入正确的 SharePoint 网站地址、用户名以及密码等信息,即可登录成功。

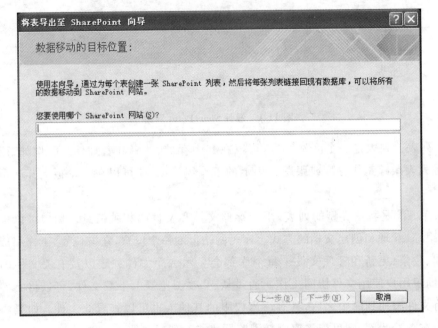

图 11-3 将表导出至 SharePoint 向导

根据向导的提示,用户可以创建联接到 SharePoint 网站的链接,将数据迁移到 SharePoint 网站。在向导的最后一页,选中"显示详细信息"复选框,可以查看有关迁移的更多详细信息。

在创建了 SharePoint 列表之后,用户可在使用 SharePoint 网站的功能管理数据并保持更新的同时,在 SharePoint 网站上或 Access 的链接表中使用这些列表。管理员可以管理对数据的权限以及数据的版本,这样就可以了解谁更改了数据或恢复了以前的数据。

在将 Access 数据迁移到 SharePoint 网站之后,可以管理允许谁查看数据、跟踪版本,以及恢复意外删除的任何数据,还可以为 SharePoint 网站上的列表和 Access 数据库分配各种级别的权限,为组分配有限的读取权限或完全编辑权限,并且有选择地允许或拒绝某些用户的访问。如果需要限制对数据库中少数敏感项的访问,则可以对 SharePoint 网站上的特定列表项设置权限。另外,用户也可在 SharePoint 网站上跟踪列表项的版本并查看版本历史记录。如果需要,可恢复某项以前的版本。如果需要了解谁更改了行,或者何时进行的更改,则可以查看版本历史记录。在 SharePoint 网站上的新回收站可以方便地查看已删除的记录,并恢复意外删除的信息。对于链接到 SharePoint 列表的表,其内部处理已得到优化,从而实现了比以前的版本更快、更平滑的体验。

2. 数据库的发布

如果用户正在与他人协作开发应用系统,则可以在 SharePoint 服务器上的库中存储数据库的副本,并使用 Access 中的窗体和报表继续在该数据库中进行工作。可以像链接数据库中的表那样链接列表(如果想跟踪 SharePoint 网站上的数据,则这样做很有用),然后可创建窗体、查询和报表以使用数据。例如,可以创建一个 Access 应用程序,它为 SharePoint 列表提供跟踪问题和管理雇员信息的查询和报表。当用户在 SharePoint 网站上使用这些列表时,他们可以从 SharePoint 列表的"视图"菜单打开这些 Access 查询和报表。例如,如果要查看和打印用于月度会议的 Access 问题报表,则可以从 SharePoint 列表直接进行。

在首次将数据库发布到服务器时,Access 将提供一个 Web 服务器列表,该列表使得导航到要发布到的位置(例如,文档库)更加容易。发布数据库之后,Access 将记住该位置,这样当用户要发布更改时,就无须再次查找该服务器。在将数据库发布到 SharePoint 网站之后,有权使用该 SharePoint 网站的用户都可以使用该数据库。

【例 11-2】 以"教材管理"数据库中的"教材"表为数据源,将其发布到指定的 SharePoint 网站中。

在 Access 中打开"教材管理"数据库中的"教材"表,选择"文件"选项卡,选择"保存并发布"命令,然后单击"发布到 Access Services"按钮,如图 11-4 所示。

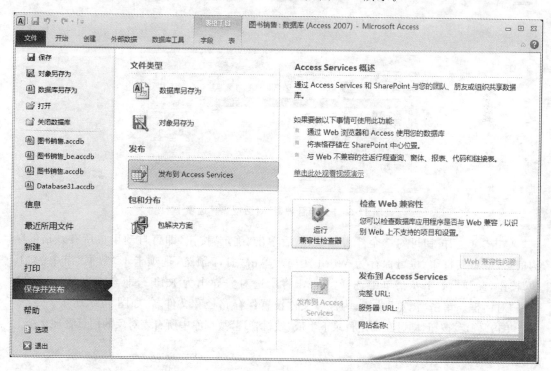

图 11-4 发布到 Access Services 设置窗口

在"服务器 URL"文本框中填入 SharePoint 网站的地址,并填入网站名称,然后单击"发布到 Access Services"按钮,在弹出的提示框中单击"是"按钮即可。

11.2 与 Word 协作

11.2.1 数据库文档管理

通常,我们在设计数据库的过程中需要将数据库中的表结构整理成文档,作为设计人员了解和分析数据库的材料。Access 可以帮助用户自动生成并打印数据库设计文档,并保存为 Word 文档,也可以在脱机参考和规划时使用这些文档。

【例 11-3】 生成"教材管理"数据库中所有表对象的信息管理文档。

在 Access 中打开"教材管理"数据库,单击"数据库工具"选项卡下"分析"组中的"数据库文档管理器"按钮,如图 11-5 所示。弹出"文档管理器"对话框,选中"表"选项卡,如图 11-6 所示。

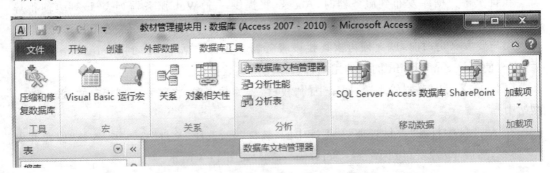

图 11-5 单击"数据库文档管理器"按钮

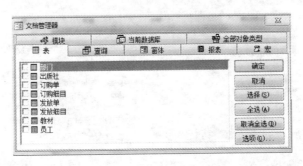

图 11-6 "文档管理器"对话框"表"选项卡

单击"全选"按钮可勾选全部表对象,然后单击"确定"按钮,即可自动生成所有表格的结构信息,可将其打印,也可保存为 Word 文档。单击"打印预览"选项卡下"数据"组中的"其他"按钮,在弹出的下拉菜单中选择"Word 将所选对象导出为 RTF",即会弹出"导出-RTF文件"对话框。单击"浏览"按钮,为保存文件设置保存路径和文件名,如图 11-7 所示。

单击"确定"按钮,即可在指定目录下生成"教材管理"数据库中所有表对象的信息管理文档。

11.2.2 与 Word 合并

在日常办公过程中,我们可能需要根据数据表的信息来制作大量信函、信封或者准考证、成绩通知单、毕业证、工资条等。借助 Word 提供的一项强大的数据管理功能——邮件合并,我们完全可以轻松、准确、快速地完成这些任务。

"邮件合并"这个名称最初是在批量处理邮件文档时提出的,具体地说,就是在邮件文档

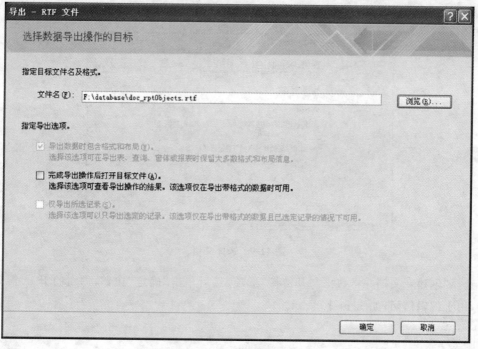

图 11-7　导出为 RTF 文件

（主文档）的固定内容中，合并与发送信息相关的一组通信资料（数据源：如 Excel 表、Access 数据表等），从而批量生成需要的邮件文档，因此大大提高工作的效率，"邮件合并"因此而得名。

使用邮件合并功能的文档通常都具备两个前提：

一是需要制作的数量比较大；

二是这些文档内容分为固定不变的内容和变化的内容，比如信封上的寄信人地址和邮政编码、信函中的落款等，这些都是固定不变的内容，而收信人的地址、邮编等就属于变化的内容。其中变化的部分由数据表中含有标题行的数据记录表表示。

【例 11-4】　为"教材管理"数据库的"员工"表中的所有员工撰写信函，告知其个人基本信息。

在 Access 中打开"教材管理"数据库，选中"员工"表，然后单击"外部数据"选项卡下"导出"组中的"Word 合并"按钮，如图 11-8 所示。

图 11-8　单击"外部数据"选项卡下的"Word 合并"按钮

此时会弹出"Microsoft Word 邮件合并向导"对话框,如图 11-9 所示。

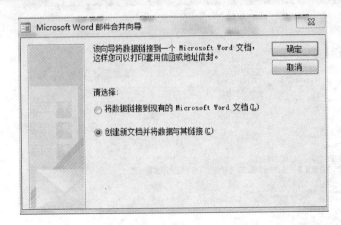

图 11-9 选择文档

选择"创建新文档并将数据与其链接"选项,然后单击"确定"按钮,即可打开一个 Word 文档,用于编辑信函,如图 11-10 所示。

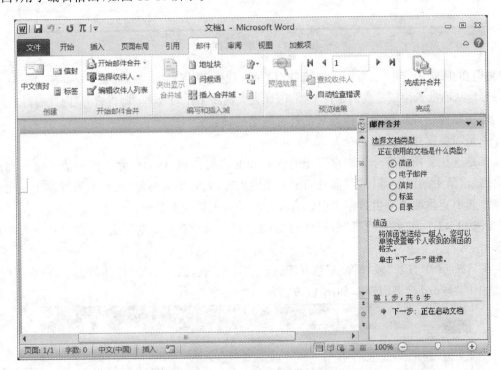

图 11-10 打开编辑文档

在 Word 文档的任务窗格中选择"信函"选项,然后在右下角,单击"下一步:正在启动文档"按钮,进入邮件合并的第 2 步,如图 11-11 所示。

选择"使用当前文档"选项(如果用户已经编辑好文档,则选择"从现有文档开始"),然后单击"下一步:选取收件人"按钮,进入邮件合并的第 3 步,如图 11-12 所示。

可以看到当前的收件人选自"教材管理模块用.accdb"中的[员工],因此选择"使用现有列表"选项,然后单击"下一步:撰写信函"按钮,进入邮件合并第 4 步,如图 11-13 所示。

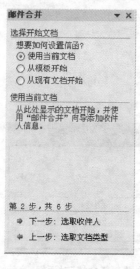

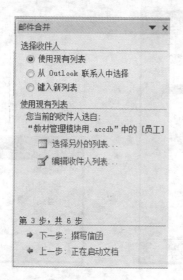

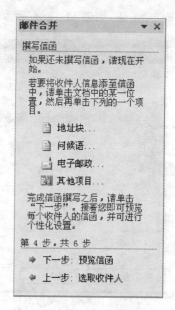

图 11-11 选择开始文档   图 11-12 选择收件人   图 11-13 撰写信函

单击"地址块"命令，弹出"插入地址块"对话框，如图 11-14 所示。

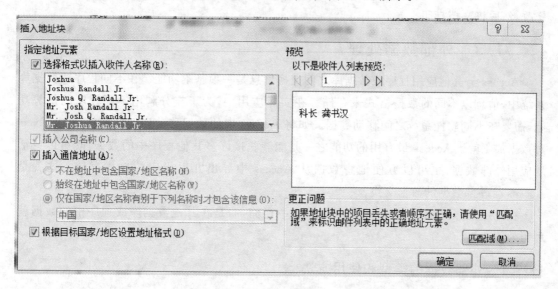

图 11-14 "插入地址块"对话框

选择合适的收件人名称，然后单击"确定"按钮。这时在 Word 文档中会显示"＜＜地址块＞＞"，在其后输入"您的基本信息如下："，然后按 Enter 键开始下一段落。

在任务窗格中单击"其他项目"，弹出"插入合并域"对话框，如图 11-15 所示。

逐个选择"工号""姓名""部门编号""职务""薪金"，将其插入到文档中，最后单击"关闭"按钮。

在任务窗格中单击"下一步：预览信函"按钮，再单击"下一步：完成合并"按钮，这时可打印或编辑单个信函。

单击"编辑单个信函"按钮，弹出"合并到新文档"对话框，选中"全部"单选项，然后单击

"确定"按钮,如图 11-16 所示。

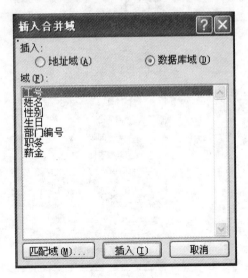

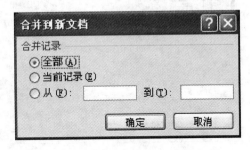

图 11-15 "插入合并域"对话框   图 11-16 "合并到新文档"对话框

这时会生成一个新的 Word 文档,包含了给所有员工的信函,用户可以对单个信函进行修改,然后将文档打印。

 ## 11.3 外部数据处理

Access 与其他应用程序或数据库之间交换信息是一项基本功能。在不同程序或数据库系统中,信息以不同的数据格式来存储。在实际应用中,为了充分利用不同程序的优势功能,需要在不同软件系统之间移动数据。如将 Access 中的数据移动到 Excel 中,再由 Excel 对数据加工等。Access 最有用的功能之一是能够联接许多其他程序中的数据,既可以灵活地应用外部数据,也可以方便地将数据从 Access 中导出并以指定的格式存储。这就是Access 与外部数据的数据交换。

在此定义,凡是不在当前 Access 数据库中存储,而是在其他数据库或程序中的数据就称为外部数据。

11.3.1 外部数据的类型和使用方法

Access 可以与许多不同的应用程序软件交换数据,如其他 Windows 应用程序、其他数据库系统、电子表格、基于服务器的数据库系统(ODBC)文本等。

Access 可以和十多种不同文件类型交换数据,主要有:不同版本 Access 数据库对象;Excel 表格数据文件;ODBC 数据库,如 SQL Server;文本文件;XML 文件;PDF 或 XPS;其他文件,如 DBASE 数据库数据文件,即 HTML、Outlook。

Access 能够通过链接、导入和导出的方式使用这些外部数据资源。链接是指当前数据库中的对象与另一个 Access 数据库表或不同格式数据库里的数据建立链接;导入是指将其他应用程序中的数据复制到当前 Access 数据库对象中;导出是指将当前 Access 数据库表中的数据复制到其他应用程序中。

在 Access 中完成链接、导入和导出的操作都是在 Access 功能区"外部数据"选项卡下的"导入并链接"组和"导出"组中完成的,如图 11-17 所示。

图 11-17　Access"外部数据"选项卡

功能区"外部数据"选项卡中有三个命令组,第一个是"导入并链接",第二个是"导出",第三个是"收集数据"。本节主要讨论"导入并链接"和"导出"命令组。通过这两个命令组的讨论,掌握如何进行数据的交换和链接。

"导出"功能,就是将 Access 数据库的数据复制一个副本,然后转换为其他系统的数据对象或文件。

在 Access 数据库中,用户使用其他外部数据源的方法有链接和导入两种。这两种方式都可以使用外部数据,但有很明显的区别:

(1) 链接以数据的原文件格式使用它,即保持原文件格式不变,在 Access 中使用外部数据。在 Access 中建立一个链接,链接到外部数据。外部数据通过链接关联 Access 数据库中的数据,如外部数据发生改变,可以在 Access 数据库中刷新链接,从而使 Access 数据库实现数据的同步修改。链接不影响原来的应用程序对链接数据的使用。

链接的数据可以是另一个 Access 数据表、文本数据文件、Excel 表格数据文件等。Access 可以链接 HTML 表,但只能对其执行只读访问,即浏览 HTML,不能对其更新,也不能添加记录。

使用链接方式的最大缺点是不能运用 Access 进行表之间的参照完整性(除非链接的就是 Access 数据库)这一强大的数据库功能。用户只能设置非常有限的字段属性,不能对导入表添加基于表的规则,也不能指定主键等操作。

(2) 导入是对外部数据制作一个副本,并将副本移动到 Access 表中,在 Access 系统中使用。导入后外部数据与导入到 Access 数据库中的关联就没有了,外部数据的修改不会影响到 Access 数据库中的数据。

11.3.2　数据导出

除 XML 外,Access 提供了丰富的导出格式。从 Access 导出数据的一般过程如下。

首先打开要从中导出数据的数据库,在导航窗格中,选择要从中导出数据的对象。用户可以从表、查询、窗体或报表对象中导出数据,但并非所有导出选项都适用于所有对象类型。

如图 11-17 所示,在"外部数据"选项卡下的"导出"组,单击要导出到的目标数据类型。例如,若要将数据导出为可用 Microsoft Excel 打开的格式,请单击"Excel"。

单击"外部数据"选项卡下的"其他"按钮,可以查看可导出的其他方式,如图 11-18所示。

在大多数情况下,Access 都会启动"导出"向导。该向导可能会要求用户提供一些信息,

Word(W)
将所选对象导出为 RTF

SharePoint 列表(S)
将所选对象作为列表导出
到 SharePoint

ODBC 数据库(C)
将所选对象导出到 ODBC
数据库，例如 SQL Server

HTML 文档(H)
将所选对象导出到 HTML
文档

dBASE 文件(B)
将所选对象导出到 dBASE
文件

图 11-18　其他导出格式

例如，目标文件名和格式、是否包括格式和布局、要导出哪些记录等。

在该向导的最后一页上，Access 通常会询问用户是否要保存导出操作的详细信息。如果需要定期执行相同操作，可选中"保存导出步骤"复选框，填写相应信息，并单击"关闭"按钮。然后，用户可以单击"外部数据"选项卡下的"已保存的导出"按钮以重新运行此操作。

【例 11-5】　将"教材管理"数据库中的"教材"表导出到一个 Excel 文件中。

在 Access 中打开"教材管理"数据库，在导航栏中选择"教材"表，单击"外部数据"选项卡下"导出"组中的"Excel"按钮，弹出选择操作目标的对话框，如图 11-19所示。

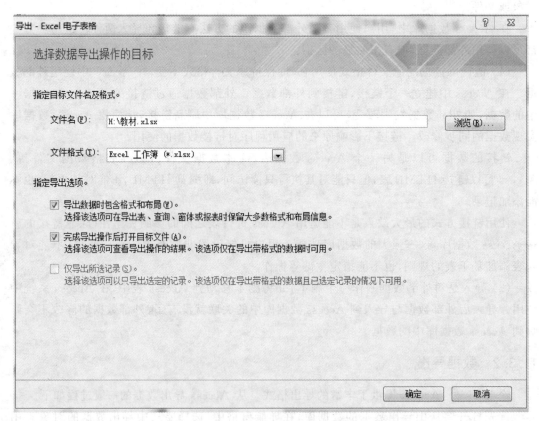

图 11-19　导出到电子表格对话框

单击对话框中的"浏览"按钮，在"另存为"对话框中选择存储地址，选中"导出数据时包含格式和布局"复选框和"完成导出操作后打开目标文件"复选框，然后单击"确定"按钮，即可完成导出，并自动打开 Excel，显示导出的数据，如图 11-20 所示。

同时，Access 会弹出"保存导出步骤"窗口，如果用户在以后重复这一导出步骤，可以选中"保存导出步骤"，然后在"另存为"文本框中为这一存储过程命名，并填写必要的说明，如图 11-21 所示。最后单击"保存导出"按钮，这就完成了将 Access 数据表导出到 Excel 电子

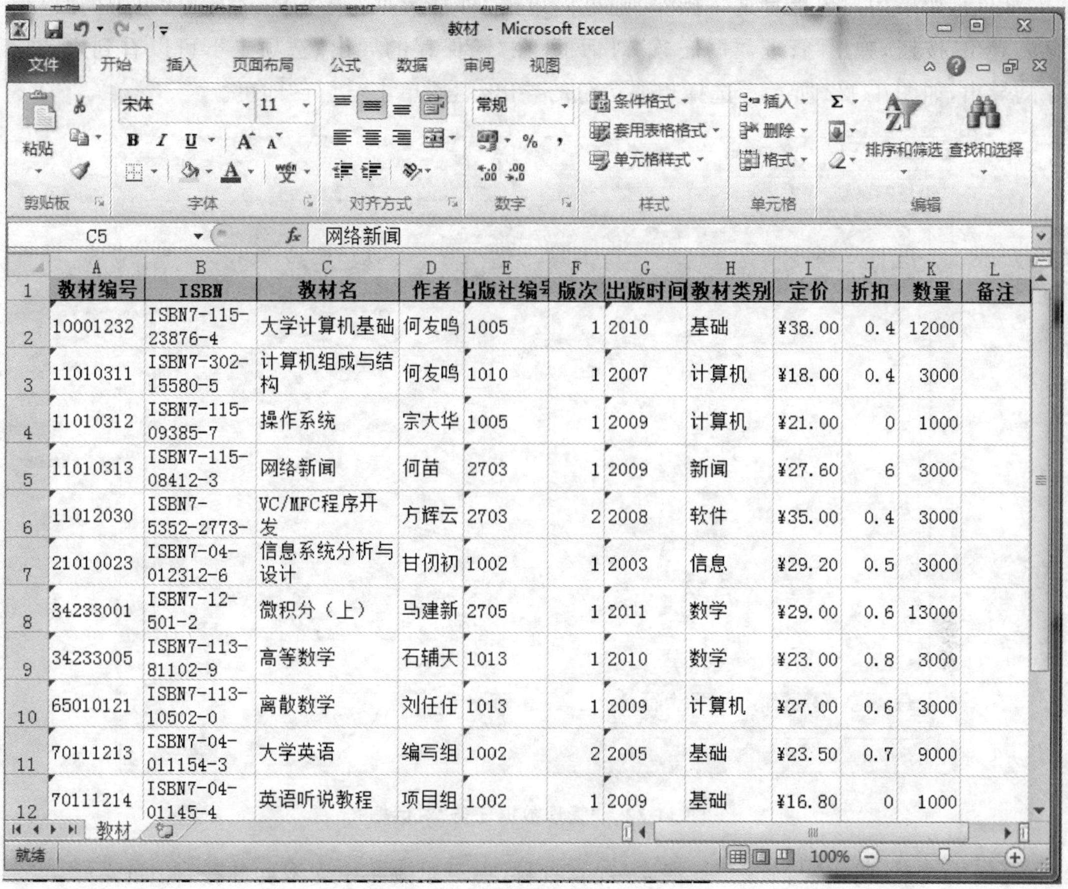

	A	B	C	D	E	F	G	H	I	J	K	L
1	教材编号	ISBN	教材名	作者	出版社编号	版次	出版时间	教材类别	定价	折扣	数量	备注
2	10001232	ISBN7-115-23876-4	大学计算机基础	何友鸣	1005	1	2010	基础	¥38.00	0.4	12000	
3	11010311	ISBN7-302-15580-5	计算机组成与结构	何友鸣	1010	1	2007	计算机	¥18.00	0.4	3000	
4	11010312	ISBN7-115-09385-7	操作系统	宗大华	1005	1	2009	计算机	¥21.00	0	1000	
5	11010313	ISBN7-115-08412-3	网络新闻	何苗	2703	1	2009	新闻	¥27.60	6	3000	
6	11012030	ISBN7-5352-2773-	VC/MFC程序开发	方辉云	2703	2	2008	软件	¥35.00	0.4	3000	
7	21010023	ISBN7-04-012312-6	信息系统分析与设计	甘仞初	1002	1	2003	信息	¥29.20	0.5	3000	
8	34233001	ISBN7-12-501-2	微积分（上）	马建新	2705	1	2011	数学	¥29.00	0.6	13000	
9	34233005	ISBN7-113-81102-9	高等数学	石辅天	1013	1	2010	数学	¥23.00	0.8	3000	
10	65010121	ISBN7-113-10502-0	离散数学	刘任任	1013	1	2009	计算机	¥27.00	0.6	3000	
11	70111213	ISBN7-04-011154-3	大学英语	编写组	1002	2	2005	基础	¥23.50	0.7	9000	
12	70111214	ISBN7-04-01145-4	英语听说教程	项目组	1002	1	2009	基础	¥16.80	0	1000	

图 11-20　导出完成的 Excel 文件

表格的操作。导出的 Excel 文件名为教材. xlsx。

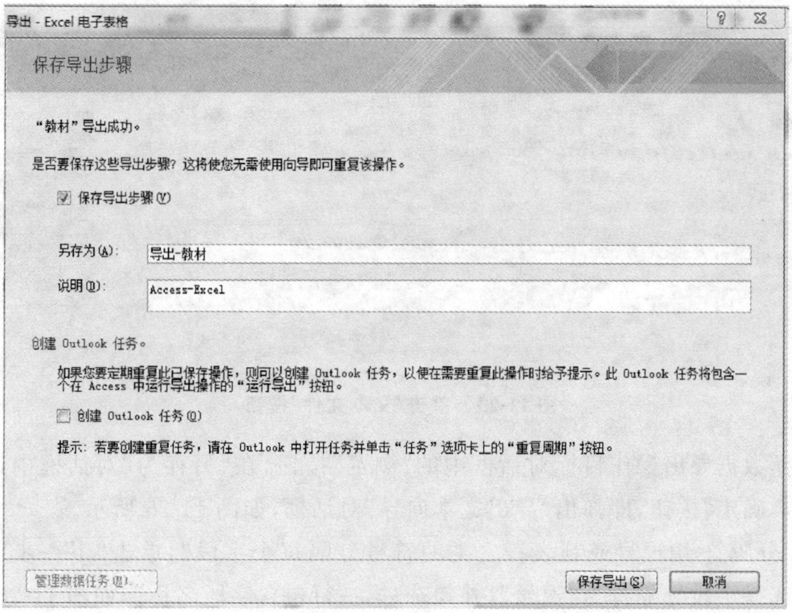

图 11-21　保存导出步骤

以后,如果用户想重复这一操作,则可以单击"外部数据"选项卡下"导出"组中的"已保存的导出"按钮,弹出"管理数据任务"对话框,在"已保存的导出"选项卡下可以看到之前保存的导出,如图11-22所示。选择想要运行的导出,然后单击"运行"即可。

图 11-22 "管理数据任务"对话框

【例 11-6】 将"教材管理"数据库中的"教材"表导出成一个文本文件教材.txt。

在 Access 中打开"教材管理"数据库,在导航栏中选择"教材"表,单击"外部数据"选项卡下"导出"组中的"文本文件"按钮,如图 11-23 所示,弹出选择数据导出操作目标的对话框,如图 11-24 所示。

图 11-23 单击"文本文件"按钮

单击选择数据导出操作目标对话框中的"浏览"按钮,在"另存为"对话框中选择存储地址,然后单击"确定"按钮,即弹出"导出文本向导"对话框,如图 11-25 所示。

选中"带分隔符-用逗号或制表符之类的符号分隔每个字段",单击"下一步"按钮,在后续的窗口中选择字段分隔符为"逗号",并勾选"第一行包含字段名称",如图 11-26 所示。

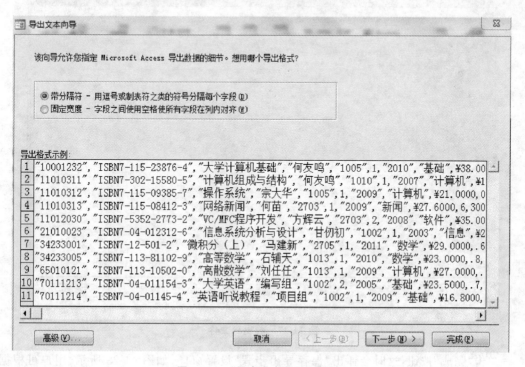

图 11-24　设置导出到文本文件

图 11-25　"导出文本向导"对话框

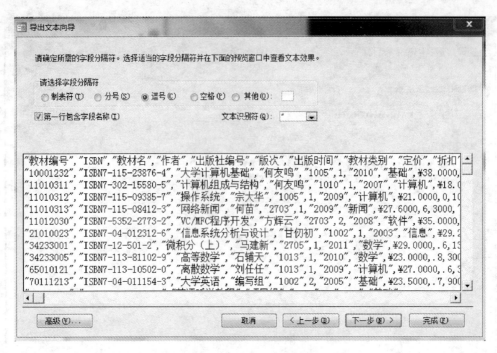

图 11-26　设置字段分隔符

单击"下一步"按钮,给出导出到文件的路径和文件名,如图 11-27 所示。

图 11-27　导出到文件

单击"完成"按钮,这时会弹出"保存导出步骤"设置窗口,如图 11-28 所示,用户可根据自己的需要决定是否保存导出步骤。

图 11-29 所示是导出为文本文件的结果。

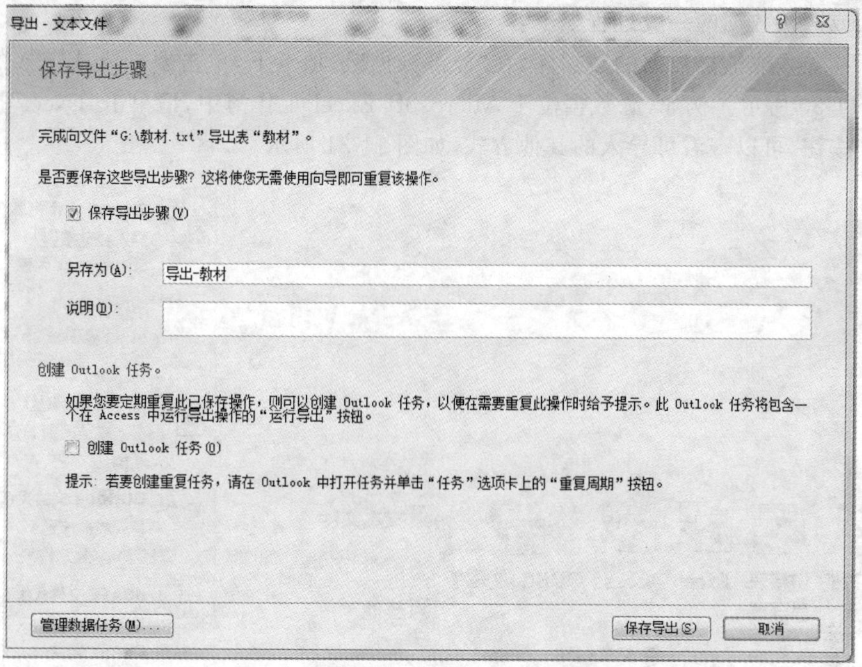

图 11-28 "保存导出步骤"设置窗口

教材编号	ISBN	教材名	作者	出版社编号	版次	出版时
10001232	ISBN7-115-23876-4	大学计算机基础	何友鸣	1005	1	2010
11010311	ISBN7-302-15580-5	计算机组成与结构	何友鸣	1010	1	2007
11010312	ISBN7-115-09385-7	操作系统	宗大华	1005	1	2009
11010313	ISBN7-115-08412-3	网络新闻	何苗	2703	1	2009
11012030	ISBN7-5352-2773-2	VC/MFC程序开发	方辉云	2703	2	2008
21010023	ISBN7-04-012312-6	信息系统分析与设	甘仞初	1002	1	2003
34233001	ISBN7-12-501-2	微积分（上）	马建新	2705	1	2011
34233005	ISBN7-113-81102-9	高等数学	石辅天	1013	1	2010
65010121	ISBN7-113-10502-0	离散数学	刘任任	1013	1	2009
70111213	ISBN7-04-011154-3	大学英语	编写组	1002	2	2005
70111214	ISBN7-04-01145-4	英语听说教程	项目组	1002	1	2009

图 11-29 导出为文本文件的结果

11.3.3 数据导入

1. 导入

Access 通过"导入表"或"链接表"的方式获得外部数据。

导入表方式可以将源数据导入到当前数据库中并生成新表，也可以向已存在的表中添加记录。之后，对源数据的修改不会影响该数据库中的表。

在链接表方式下，Access 会创建一个表，它维护一个到源文件的联接。对源文件的修改会反映在链接表中，但无法从 Access 内更改源数据。

导入或链接数据的一般过程如下：

打开要导入或链接数据的数据库，在"外部数据"选项卡下，单击要导入或链接的数据类型，如图 11-30 所示。例如，源数据位于 Microsoft Excel 工作簿中，请单击"Excel"按钮。单击"其他"按钮，可以查看可导入的其他方式，如图 11-31 所示。

图 11-30　"外部数据"选项卡的"导入并链接"组　　　　图 11-31　其他导入格式

在大多数情况下，Access 都会启动"获取外部数据"向导。该向导可能会要求用户提供以下部分或所有信息：

指定数据源（它在磁盘上的位置即路径）；

选择是导入还是链接数据；

如果要导入数据，请选择是将数据追加到现有表中，还是创建一个新表；

明确指定要导入或链接的文档数据；

指示第一行是否包含列标题或是否应将其视为数据；

指定每一列的数据类型；

选择是仅导入结构，还是同时导入结构和数据；

如果要导入数据，请指定是希望 Access 为新表添加新主键，还是使用现有键；

为新表指定一个名称。

在操作过程中最好事先查看源数据，这样在向导提出上述问题时，便知道这些问题的正确答案。

在该向导的最后一页上，Access 通常会询问用户是否要保存导入或链接操作的详细信息。如果用户觉得需要定期执行相同操作，可选中"保存导入步骤"复选框，填写相应信息，单击"关闭"按钮。用户可以单击"外部数据"选项卡下的"已保存的导入"按钮以重新运行此操作。

完成该向导之后，Access 会通知用户在导入过程中发生的任何问题。在某些情况下，Access 可能会新建一个称为"导入错误"的表，该表包含 Access 无法成功导入的所有数据。用户可以检查该表中的数据，以尝试找出未正确导入数据的原因。

2. 示例

以下通过示例介绍几种导入操作。

【例 11-7】　导入其他 Access 数据库中数据库对象操作示例。

可以导入其他 Access 数据库中的表，或者查询、窗体、报表等对象。

向"教材管理"数据库导入其他数据库表的操作过程如下。

（1）打开"教材管理"数据库，在导航窗格中选择"表"，单击功能区中"外部数据"选项卡下"导入并链接"命令组中的"Access"命令按钮，打开"获取外部数据-Access数据库"对话框，如图11-32所示。

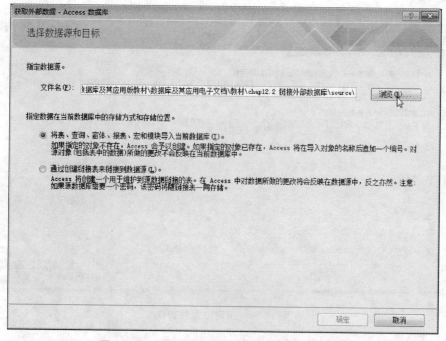

图 11-32 "获取外部数据- Access 数据库"对话框

（2）在"指定数据源"的"文件名"文本框的后面，单击"浏览"命令按钮，弹出"打开"对话框，如图11-33所示，选择要导入的Access数据库文件，例如，选择Access数据库文件"教学管理"，单击"打开"命令按钮。如图11-34所示，单击"确定"按钮。选取导入对象，如图11-35所示。这里选择"专业"，单击"确定"按钮。

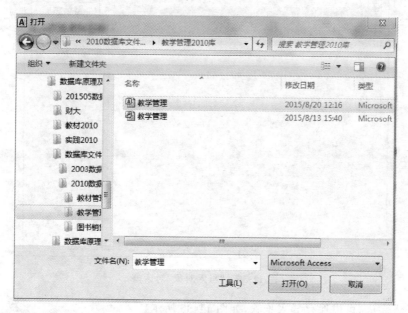

图 11-33 "打开"对话框

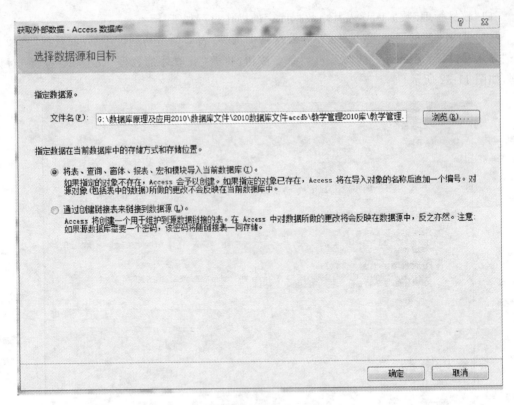

图 11-34 指定数据源完成

图 11-35 "导入对象"对话框

（3）导入完成，可以保存导入步骤，如图 11-36 所示。

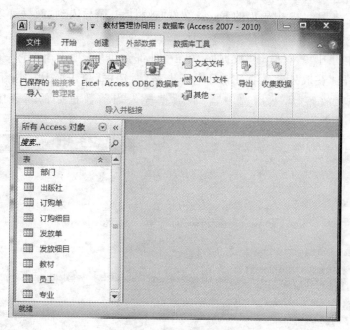

图 11-36　保存导入步骤

（4）现在，在教材管理数据库窗口的导航栏的"表"下，可见导入的专业表，如图 11-37 所示。

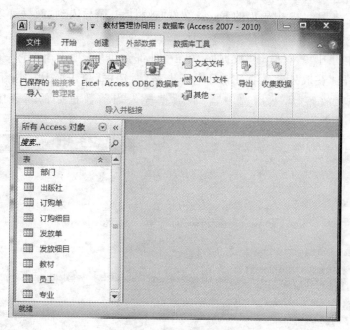

图 11-37　导入完成

（5）回到图 11-34 所示的"获取外部数据-Access 数据库"对话框中，继续选择"指定数据在当前数据库中的存储方式和存储位置"下面的"将表、查询、窗体、报表、宏和模块导入当前数据库"单选项。

（6）根据对话框中的提示选择要导入的表，或查询，或窗体等，再单击"确定"按钮。

完成 Access 对象的导入过程。

本例使用了一个"教学管理"数据库。其中，"表"选项卡中列出了该数据库中的 5 个表：成绩、课程、学生、学院、专业，如图 11-35 所示。导入时，可以从罗列的表中选择一个或多个表进行导入(选择多个表可按住 Ctrl 键,然后单击要选择的表)。

单击"导入对象"对话框的"选项"按钮可展开选项部分,其中有单选框和多选框,还提供了许多导入时的附加选项。导入内容可以选择:

"导入"复选中有"关系"(默认值)、"菜单和工具栏"、"导入/导出规范"。

"导入表"单选中有"定义和数据"(默认值)、"仅定义"。

"导入查询"单选中有"作为查询"(默认值)、"作为表"。

如果选择默认值,意味着将与导入的表相关联的内容全部导入,即导入的不仅是数据本身,而且包括与导入表有关的表之间的关系、表结构的定义、依赖于导入表的查询到当前数据库中。

如果选择"导入表"单选中的"仅定义",意味着不导入数据本身,只导入表之间的关系、表结构的定义、依赖于导入表的查询到当前数据库中。

首先选择"表"选项卡,再选择"表"选项卡中要导入的表和附加选择项,本例是选择"客户管理"数据库中的"客户信息"表和默认的附加选择,单击"确定"按钮。在当前数据库中就导入了选择的数据库对象。

注意,若导入表的表名与已有表名重名,则 Access 在导入的表名后自动添加序号。

若导入其他 Access 数据库的"查询""窗体""报表"等对象,在图 11-35 所示的"导入对象"对话框中选择相应对象的选项卡,选择要导入的对象即可。

【例 11-8】 将例 11-5 中导出的 Excel 文件"教材.xlsx"导入到"教材管理"数据库中,生成新表"教材 2"。

在 Access 中打开"教材管理"数据库,单击"外部数据"选项卡下"导入并链接"组中的"Excel"按钮,弹出"获取外部数据-Excel 电子表格"对话框,单击"浏览"按钮,指出文件"教材.xlsx"的完整存放路径,然后选中"将源数据导入当前数据库的新表中",如图 11-38 所示。

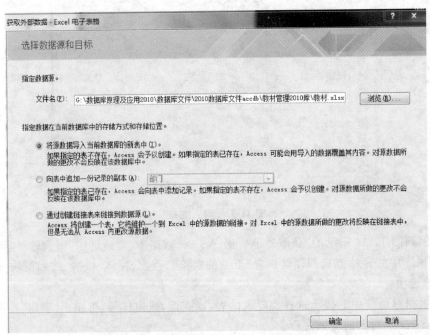

图 11-38 选取外部数据源和目标

单击"确定"按钮,弹出"导入数据表向导"对话框,选中"第一行包含列标题",如图 11-39 所示。

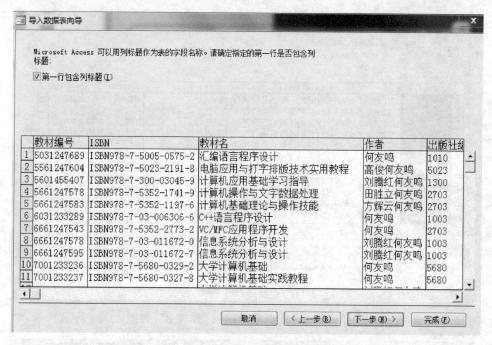

图 11-39 指定第一行是否包含列标题

单击"下一步"按钮,可对每个字段的数据类型以及索引进行需要的设置,如图 11-40 所示。

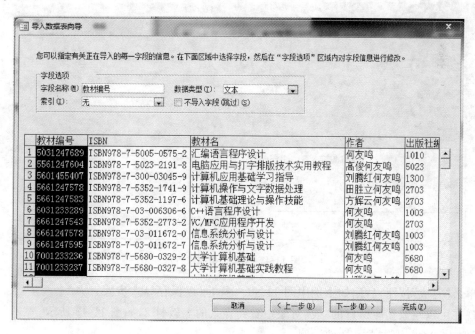

图 11-40 设置字段属性

单击"下一步"按钮,可对表的主键进行设置。这里选择"我自己选择主键",并设置为"教材编号",如图 11-41 所示。

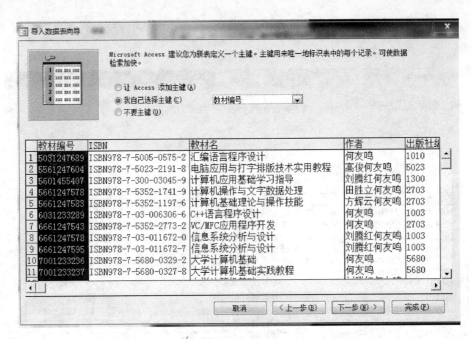

图 11-41　设置主键

单击"下一步"按钮,在"导入到表"文本框中输入"教材 2",如图 11-42 所示。

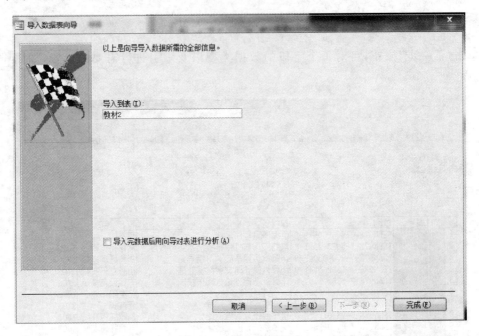

图 11-42　输入"教材 2"

单击"完成"按钮,后面如上例中图 11-36 一样,可以保存导入步骤。

现在可以在数据库窗口的"表"对象中看到导入的表教材 2,如图 11-43 所示。

【例 11-9】　导入文本文件示例。

(1) 文本文件(.txt)是计算机上的标准格式文件,几乎所有软件系统都支持文本文件,所以如果有些格式的数据不能直接导入 Access,可以先将其转换为文本文件格式。例如,Word 文档中的表格数据,可以先存入".txt"格式的文件中,再进行导入过程。

图 11-43 导入的表"教材 2"

（2）在导入时，要区分文本文件中信息列的分隔方式。可将其分为"带分隔符的文本文件"和"固定宽度的文本文件"。

（3）带分隔符的文本文件可以是以逗号、制表符、空格等分隔数据的文件。每条记录都是文本文件中的单独一行，这一行上每个字段值不包括尾随的空格。如果某字段值的字符串中包含空格字符，就要将该字段值的字符串加定界符（单引号或双引号）。

（4）在固定宽度的文本文件中，同一列信息都按照相同宽度排列。

例如，下面文本文件由五个字段组成："姓名、单位、出生年月日、学位、职务或职称"，每一行是一个记录。

"文本 1"文件每个字段由逗号分隔，其中第一个记录的第二个字段值："清华大学计算机科学系"字符串中含有空格字符，所以加上了定界符双引号。第六个记录的"单位"字段无值（"王爱英"和"1972.12.9"之间无值），就在无值的字段位置上放一个分隔符（逗号）。导入后，Access 表中的相应字段值就会空着。

"文本 2"文件每个字段不是被分隔符分隔的，而是从同一位置开始，每个记录的长度相等。若某个字段内容不够长，尾随的空格将被加入到字段中。

"文本 1"文件和"文本 2"文件的内容如图 11-44 所示。

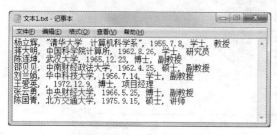

（a）分隔符分隔文本信息的文本文件

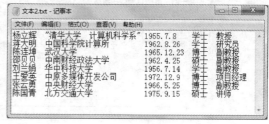

（b）每列文本信息宽度固定的文本文件

图 11-44 "文本 1"文件和"文本 2"文件

导入时，可以将文本文件数据导入一个 Access 新表中。如果决定将导入的文件附加到一个已存在的表中，文本文件的结构必须与导入数据的 Access 表字段结构完全一致。

导入带固定长度的文本文件（即"文本 2.txt"）到"图书销售"数据库的过程如下。

（1）打开"图书销售"数据库，选择功能区"外部数据"选项卡下"导入并链接"组下"文本文件"按钮（单击），打开"获取外部数据-文本文件"对话框，如图 11-45 所示。

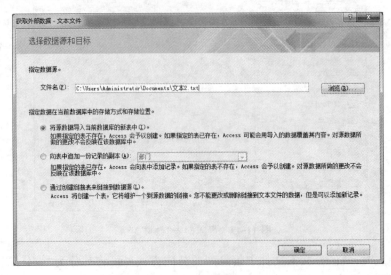

图 11-45 "获取外部数据-文本文件"对话框

（2）在该对话框中，单击"指定数据源"后面的"浏览"命令按钮，弹出"打开"对话框，找到并选择要导入的文本文件"文本 2.txt"，单击"打开"按钮。

（3）回到"获取外部数据-文本文件"对话框中，再选择"指定数据在当前数据库中的存储方式和存储位置"下面的"将源数据导入当前数据库的新表中"单选项。

（4）单击"确定"按钮，打开"导入文本向导"对话框，如图 11-46 所示。在此对话框中，选择单选按钮中的"固定宽度-字段之间使用空格使所有字段在列内对齐"。

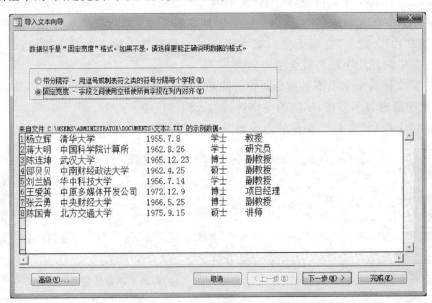

图 11-46 "导入文本向导"对话框 1

(5) 单击"下一步"按钮,打开下一个"导入文本向导"对话框,如图 11-47 所示。在此对话框中设置分隔线,利用鼠标调整、移动、删除字段之间的分隔线。

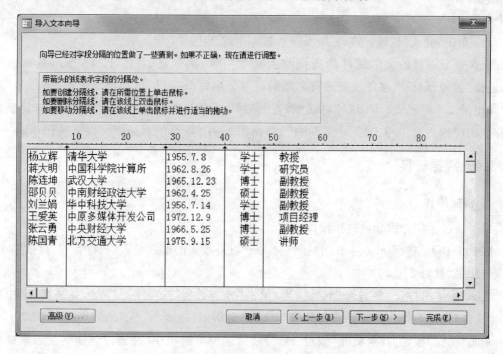

图 11-47 "导入文本向导"对话框 2

(6) 单击"下一步"按钮,弹出第三个"导入文本向导"对话框,如图 11-48 所示。在此对话框中对每个字段设计字段名称、数据类型、有无索引,以及哪些字段不导入。

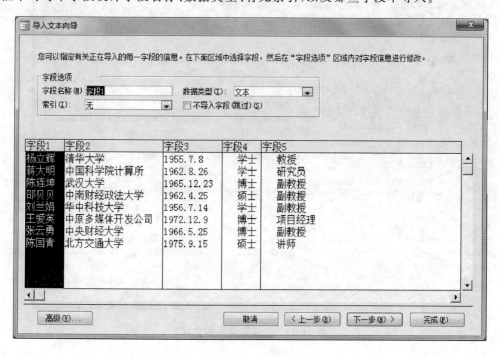

图 11-48 "导入文本向导"对话框 3

（7）单击"下一步"按钮，弹出第四个"导入文本向导"对话框，在此对话框中选择"主键"，然后单击"下一步"按钮，弹出第五个"导入文本向导"对话框，在此对话框中设置导入后的表名。

（8）单击"完成"按钮。这时 Access 数据库中就产生一个导入的表。

导入带分隔符的文本文件的操作与上基本一致，区别是，在图 11-46 所示的对话框中，选择"带分隔符-用逗号或制表符之类的符号分隔每个字段"单选项。单击"下一步"按钮，弹出第二个"导入文本向导"对话框，在此对话框中设置分隔符类型、第一行包含字段名称等相应的内容。单击"下一步"按钮，弹出图 11-48 所示的对话框。以下操作相同。

11.3.4 数据链接

1. 链接操作

以下通过示例介绍几种链接操作。

【例 11-10】 将例 11-6 中导出的"教材.txt"以链接表的形式导入"教材管理"数据库中，生成链接表"教材 3"。

在 Access 中打开"教材管理"数据库，单击"外部数据"选项卡下"导入并链接"组中的"文本文件"按钮，弹出"获取外部数据-文本文件"对话框。

单击"浏览"按钮，找到文件"教材.txt"，然后选中单选项中的"通过创建链接表来链接到数据源"，如图 11-49 所示。

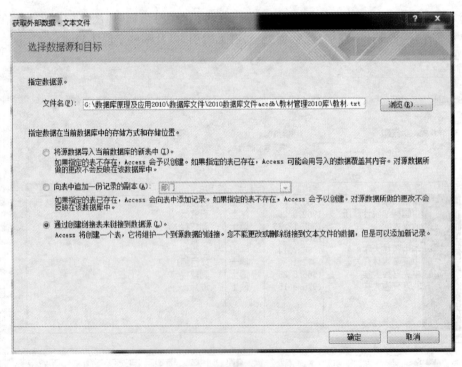

图 11-49 选择数据源和目标

单击"确定"按钮，弹出"链接文本向导"对话框，选中"带分隔符-用逗号或制表符之类的符号分隔每个字段"，如图 11-50 所示。

图 11-50 "链接文本向导"对话框（设置带分隔符）

单击"下一步"按钮，选中分隔符为"逗号"，勾选"第一行包含字段名称"，如图 11-51 所示。

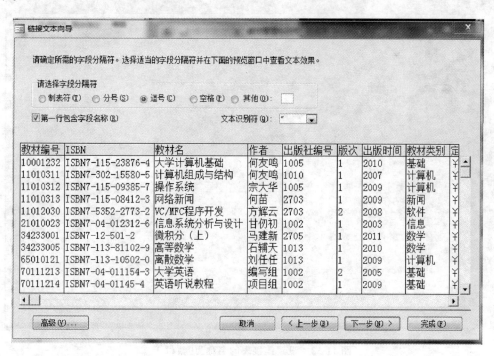

图 11-51 设置字段分隔符

单击"下一步"按钮，可对每个字段的数据类型进行相应的设置，如图 11-52 所示。

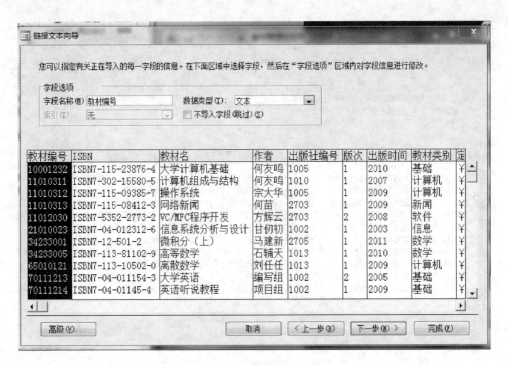

图 11-52　设置字段的数据类型

再单击"下一步"按钮,设置链接表的名称为"教材 3",如图 11-53 所示。

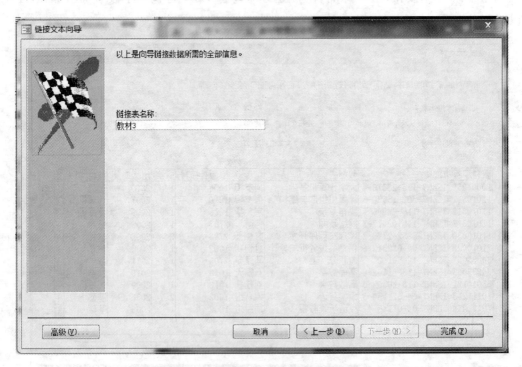

图 11-53　设置链接表的名称为"教材 3"

最后,单击"完成"按钮即可。这时在导航窗格中出现链接表"教材 3",前面有图标 📋,
如图 11-54 所示。

图 11-54　查看链接表"教材 3"

【**例 11-11**】　链接其他 Access 数据库表示例。

如果用户要使用一个其他 Access 数据库中的表,可以链接该表,而不再重复设计表结构和输入数据,这样可以节省成本,又可以与另一个数据库共享一个表。链接建立后,就可以像使用所打开数据库中的表一样使用链接表。

链接 Access 数据库表的操作如下。

打开数据库,如打开"教材管理"数据库。

(1) 单击功能区中"外部数据"选项卡下"导入并链接"组中的"Access"按钮,打开"获取外部数据-Access 数据库"对话框,如图 11-32 所示。

(2) 选择"指定数据源"后面的"浏览"按钮(单击),弹出"打开"对话框。选择要链接的数据库文件,例如,选择数据库文件"教学管理",单击"打开"按钮。

(3) 回到"获取外部数据-Access 数据库"对话框,选择"指定数据在当前数据库中的存储方式和存储位置"下面的"通过创建链接表来链接到数据源"单选项,如图 11-55 所示。

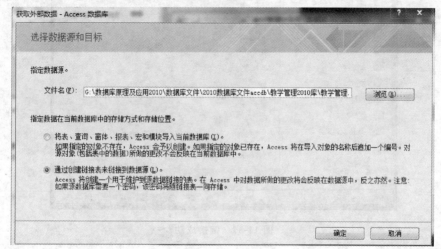

图 11-55　选择数据源和目标

（4）单击"确定"按钮，弹出"链接表"对话框，如图 11-56 所示。在该对话框中选择要链接的某个或全部数据库表，如选择"专业"表。

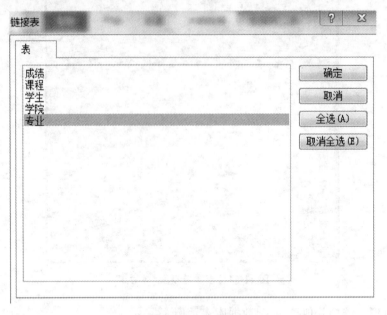

图 11-56 "链接表"对话框

（5）单击"确定"按钮，返回到数据库窗口，在导航窗格中看到，选中的表"专业"已链接到当前数据库中，名为专业 1，如图 11-57 所示。

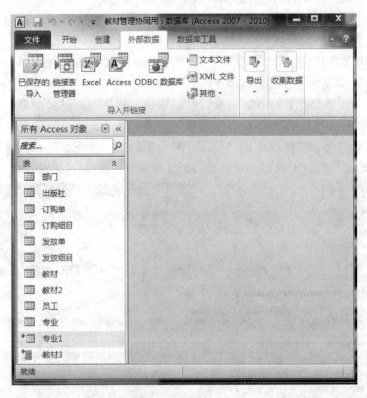

图 11-57 链接成功

2. 链接表的使用和设置

对于链接的外部表，可以像使用当前表一样使用它。链接表可以用于窗体、报表和查询的构建，还可以改变它们的许多属性，如设定浏览属性、表之间的关系、对表重命名等。

要注意，链接表真正的数据并不在当前数据库中，因而也有许多表的属性不能改变，如表结构的重定义、删除字段、添加字段等。

如果链接的外部表不存在或移动了位置，则当前数据库中就不能使用链接表了。

（1）设置浏览属性。

在 Access 中可以对外部表的下列属性进行重新设置：格式、小数位数、标题、输入掩码、显示控件等。

改变或设置属性的操作如下。

① 在数据库的导航窗格中，选择链接表（单击右键），在快捷菜单上选择"设计视图"命令（单击）。

② 打开链接表的设计视图。选择要改变属性的字段，进行相应设置，如给链接表的字段设置"标题""格式""智能标记"等，然后保存。

③ 打开数据表视图，可以发现按照新的设置显示数据。

需要说明的是，设置属性是浏览表时的属性。浏览属性与表本身的属性不一定一致。

（2）设置关系联接。

Access 可以通过关系生成器对链接的外部表和 Access 表构建关系，但不能进行参照完整性设置。

如果被链接的其他多个 Access 数据库表之间已经存在关系，它们将自动继承在其他数据库里设定的关系，原来表之间的链接不能被删除和改变。

在当前数据库内，可以基于建立的关系来创建窗体和报表。

创建关系的操作如下：

① 在当前数据库中，单击功能区中"数据库工具"选项卡下"关系"命令组中的"关系"命令，打开关系窗口。

② 在关系窗口，通过"显示表"对话框添加链接表。

③ 在关系窗口中，通过拖放的方法建立链接表与其他表之间的关系，弹出"编辑关系"对话框，但不能设置完整性。单击"创建"按钮，完成关系的设置。

（3）查看或改变链接表的信息。

链接的外部数据源进行了移动等操作后，再对链接表进行操作时，Access 提示找不到外部链接表。这是因为 Access 不能对外部链接表实现自动同步。

遇到此类情况时，就要通过 Access 系统提供的"链接表管理器"这个工具来修正。当然通过"链接表管理器"可以查看到外部链接表的链接信息。

使用"链接表管理器"的操作如下。

进入数据库窗口，单击功能区中"外部数据"选项卡下"导入并链接"命令组中的"链接表管理器"命令，弹出"链接表管理器"对话框，如图 11-58 所示。

选择需要改变信息的链接表，单击"确定"按钮，然后在弹出的对话框中，再选择改变后的外部链接表的位置及外部链接表文件，如果选择正确，Access 在退出时，弹出信息对话框，提示："所有选择的链接表都已成功地刷新了"。

链接表管理器的刷新过程是由用户手动完成的，系统不会自动对移动过的外部链接表

图 11-58 "链接表管理器"对话框

自动更新引用。

（4）删除外部表的链接。

在数据库窗口的导航窗格中，选择要删除的外部表，按 Delete 键，或右击要删除的文件，在弹出的快捷菜单中选择"删除"命令（单击）即可删除外部链接表。

本 章 小 结

本章内容作为阅读材料供同学们在课外阅读。还有第 12 章 Access 安全管理，都是为扩大知识面而提供给同学们阅读的。

本章阐述 Access 与 Microsoft 的其他应用软件之间的协同应用方法。Microsoft 各应用软件在功能上各有特点，也具有各自的优势，将这些应用软件的功能综合利用到办公过程中，能够极大地提高工作效率。

本章主要介绍了 Access 与 SharePoint 的协同应用、Access 与 Word 的协同应用、Access 与其他应用程序进行的数据导入与导出、链接、Access 与 Office 其他构件之间的协作等。

第12章 Access 安全管理

12.1 Access 安全管理概述

12.1.1 Access 安全性的新增功能

Access 2010 提供了经过改进的安全模型,该模型有助于简化将安全性应用于数据库以及打开已启用安全性的数据库的过程。相对于早期版本,Access 2010 的安全功能有了显著提高,同时也在一定程度上简化了安全操作。Access 2010 主要包括以下新增安全功能。

1. 在不启用数据库内容时也能查看数据

在 Access 2003 中,如果将安全级别设置为"高",则必须先对数据库进行代码签名并信任数据库,然后才能查看数据。在 Access 2010 中则可以查看数据,而无须决定是否信任数据库。

2. 更高的易用性

如果将数据库文件(新的 Access 文件格式或早期文件格式)放在受信任位置(例如指定为安全位置的文件夹或网络共享),那么这些文件将被直接打开并运行,而不会显示警告消息或要求用户启用任何禁用的内容。此外,如果在 Access 2010 中打开由早期版本的 Access 创建的数据库(例如 .mdb 或 .mde 文件),并且这些数据库已进行了数字签名,而且用户已选择信任发布者,那么系统将运行这些文件而不需要决定是否信任它们。但是,签名数据库中的 VBA 代码只有在用户信任发布者后才能运行。另外,如果数字签名无效,代码也不会运行。如果签名者以外的其他人篡改了数据库内容,签名将变得无效。

3. 信任中心

信任中心是一个安全设置窗口,用于对 Access 的安全功能进行集中的设置。使用信任中心可以为 Access 创建或更改受信任位置并设置安全选项。在 Access 实例中打开新的和现有的数据库时,这些设置将影响它们的行为。信任中心包含的功能还可以评估数据库中的组件,确定打开数据库是否安全。

4. 更少的警告消息

早期版本的 Access 在遇到安全问题时(例如宏安全性和沙盒模式),会强制用户处理各种警报消息。如果在 Access 2010 中打开一个非信任的 .accdb 文件,且该数据库中包含一个或多个禁用的数据库内容(例如添加、删除或更改数据等动作查询、宏、ActiveX 控件、计算结果为单个值的函数以及 VBA 代码等)时,用户将只看到一个安全警告的"消息栏"。若要信任该数据库,可以使用消息栏来启用任何被禁用的数据库内容。

5. 用于签名和分发数据库文件的新方法

在 Access 2007 之前的 Access 版本中,使用 Visual Basic 编辑器将安全证书应用于各个数据库组件。现在用户可以直接将数据库打包,然后签名并分发该包。如果将数据库从签名的包中解压缩到受信任位置,则数据库将打开而不会显示消息栏。如果将数据库从签名的包中解压缩到不受信任位置，但用户信任包证书并且签名有效，则数据库将打开而不会显示消息栏。但是当用户打包并签名不受信任或包含无效数字签名的数据库时，如果没有将它放在受信任的位置，则必须在每次打开它时使用消息栏来表示信任该数据库。

6. 使用更强的算法来增强数据库密码功能

Access 2010 使用更强的算法来加密那些使用数据库密码功能的 .accdb 文件数据库。加密数据库将打乱表中的数据，有助于防止不请自来的用户读取数据。

7. 新增了一个在禁用数据库时运行的宏操作子类

这些更安全的宏还包含错误处理功能。用户可以直接将宏（即使宏中包含 Access 禁止的操作）嵌入任何窗体、报表或控件属性。

另外，对于以新文件格式（.accdb 和 .accde 文件）创建的数据库，Access 不提供用户级安全。但是，如果在 Access 2010 中打开由早期版本的 Access 创建的数据库，并且该数据库应用了用户级安全，那么这些设置仍然有效。如果将具有用户级安全的早期版本 Access 数据库转换为新的文件格式，则 Access 将自动剔除所有安全设置，并应用保护 .accdb 或 .accde 文件的规则。使用用户级安全功能创建的权限不会阻止具有恶意的用户访问数据库，因此不应用作安全屏障。此功能适用于提高受信任用户对数据库的使用。

12.1.2　Access 安全体系结构

Access 数据库是由一组对象（表、窗体、查询、宏、报表等）构成，这些对象通常必须相互配合才能发挥功用。例如，当创建数据输入窗体时，如果不将窗体中的控件绑定（链接）到表，就无法用该窗体输入或存储数据。

但是，有几个 Access 组件会造成安全风险，因此不受信任的数据库中将禁用这些组件。这些组件包括：

动作查询（用于插入、删除或更改数据的查询；）

宏；

一些表达式（返回单个值的函数）；

VBA 代码。

因此，为了帮助确保数据更加安全，每当用户打开数据库时，Access 和信任中心都将执行一组安全检查。此过程如下：

在打开 .accdb 或 .accde 文件时，Access 会将数据库的位置提交到信任中心。如果信任中心确定该位置受信任，则数据库将以完整功能运行。如果打开具有早期版本的文件格式的数据库，则 Access 会将文件位置和有关文件的数字签名（如果有）的详细信息提交到信任中心。信任中心将审核"证据"，评估该数据库是否值得信任，然后通知 Access 如何打开数据库。Access 或者禁用数据库，或者打开具有完整功能的数据库。用户在信任中心选择的设置将控制 Access 在打开数据库时做出的信任决定。

但如果信任中心禁用数据库内容，则在打开数据库时将出现消息栏，如图 12-1 所示。

图 12-1　"安全警告"消息栏

若要启用数据库内容,可单击"启用内容"按钮,然后在出现的对话框中选择相应的选项。Access 将启用已禁用的内容,并重新打开具有完整功能的数据库。否则,禁用的组件将不工作。如果打开的数据库是以早期版本的文件格式(.mdb 或 .mde 文件)创建的,并且该数据库未签名且未受信任,则默认情况下,Access 将禁用任何可执行内容。

如果不启用被禁用的内容,Access 会在禁用模式(即关闭所有可执行内容)下打开该数据库,而不管数据库文件格式如何。

在禁用模式下,Access 会禁用下列组件:

① VBA 代码和 VBA 代码中的任何引用,以及任何不安全的表达式。

② 所有宏中的不安全操作。不安全操作是指可能允许用户修改数据库或对数据库以外的资源获得访问权限的任何操作。但是,Access 禁用的操作有时可以被视为"安全"的。例如,如果用户信任数据库的创建者,则可以信任任何不安全的宏操作。

几种查询类型如下。

① 动作查询:这些查询用于添加、更新和删除数据。

② 数据定义语言(DDL)查询:用于创建或更改数据库中的对象,例如表和过程。

③ SQL 传递查询:用于直接向支持开放式数据库联接(ODBC)标准的数据库服务器发送命令。传递查询在不涉及 Access 数据库引擎的情况下处理服务器上的表。

④ ActiveX 控件。

数据库打开时,Access 可能会尝试载入加载项(用于扩展 Access 或打开的数据库的功能的程序)。用户可能还要运行向导,以便在打开的数据库中创建对象。在载入加载项或启动向导时,Access 会将证据传递到信任中心,信任中心将做出其他信任决定,并启用或禁用对象或操作。如果信任中心禁用数据库,而用户不同意该决定,那么几乎总是可以使用消息栏来启用相应的内容。加载项是该规则的一个例外。如果在信任中心的"加载项"窗格中选中"要求受信任发行者签署应用程序扩展"复选框,则 Access 将提示用户启用加载项,但该过程不涉及消息栏。

 ## 12.2 信 任 中 心

在 Access 2010 提供的信任中心可以设置数据库的安全和隐私保护功能。

12.2.1 使用受信任位置中的数据库

将 Access 数据库放在受信任位置时,所有 VBA 代码、宏和安全表达式都会在数据库打开时运行。用户不必在数据库打开时做出信任决定。

使用受信任位置中的 Access 数据库的过程大致分为下面几个步骤:

使用信任中心查找或创建受信任位置;

将 Access 数据库保存、移动或复制到受信任位置;

打开并使用数据库。

以下几个步骤介绍了如何查找或创建受信任位置,然后将数据库添加到该位置。

启动 Access 2010,在"文件"菜单下选择"选项",打开"Access 选项"对话框,然后在左侧的子窗口中单击"信任中心"选项卡,如图 12-2 所示。

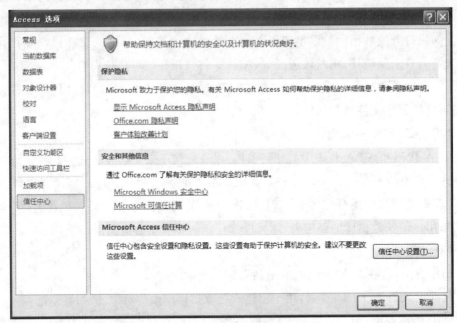

图 12-2　"Access 选项"对话框

单击"信任中心设置"按钮,进入"信任中心"对话框,如图 12-3 所示。

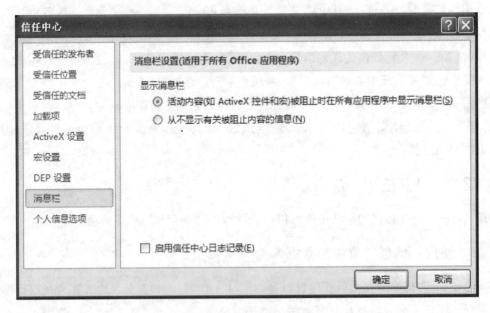

图 12-3　"信任中心"对话框

　　单击左侧子窗口中的"受信任位置"选项卡,然后在右侧的子窗口中可以对当前受信任位置进行修改,也可以添加新的受信任位置,或者删除现有的受信任位置,如图 12-4 所示。
　　信任位置设置完成后,用户可将数据库文件移动或复制到受信任位置,之后再打开这些受信任位置的文件时,就不必再做出信任决定了。

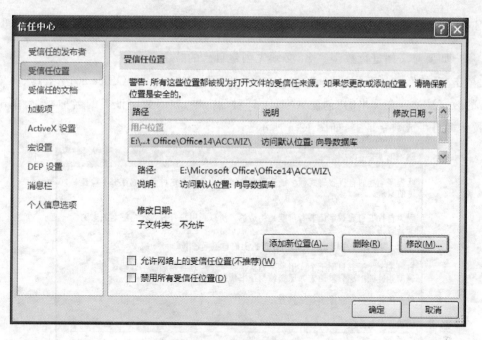

图 12-4　设置受信任位置

12.2.2　信任中心的其他功能

在信任中心除了可设置受信任位置以外，还可以通过"信任中心"对话框左侧的其他按钮来设置其他相应的安全功能。这些功能包括以下几项。

受信任的发布者：生成使用者信任的代码项目发布人的列表。

受信任的文档：管理 Office 程序与活动内容的交互方式。

加载项：选择加载项是否需要数字签名，或者是否禁用加载项。

ActiveX 设置：管理 Office 程序中的 ActiveX 控件的安全提示。

宏设置：启用或禁止 Office 程序中的宏。

DEP 设置：启用或禁止数据执行保护模式（DEP），它是一套软硬件技术，能够在内存上执行额外检查以帮助防止在系统上运行恶意代码。

消息栏：显示或隐藏消息栏。

个人信息选项：对一些个人信息选项进行设置。

 ## 12.3　数据库打包、签名与分发

使用 Access 可以轻松而快速地对数据库进行签名和分发。在创建 .accdb 文件或 .accde 文件后，可以将该文件打包，对该包应用数字签名，然后将签名包分发给其他用户。"打包并签署"工具会将该数据库放置在 Access 部署（.accdc）文件中，对其进行签名，然后将签名包放在指定的位置。随后，其他用户可以从该包中提取数据库，并直接在该数据库中工作，而不是在包文件中工作。

要对包进行签名，必须要用到数字证书。

12.3.1　数字证书

用户如要对文档进行数字签名,必须先创建自己的数字证书。

单击"开始"→"所有程序"→"Microsoft Office"→"Microsoft Office 2010 工具"→"VBA 工程的数字证书",在弹出的"创建数字证书"对话框中,输入数字证书的名称,然后单击"确定"按钮即可生成数字证书,如图 12-5 所示。

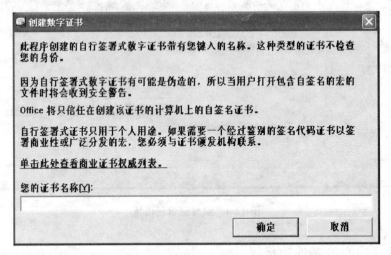

图 12-5　"创建数字证书"对话框

12.3.2　创建签名包

创建签名包的意义在于保证数据库的完整性,即打开被签名的数据库时能够确定该数据库与其被签名时是完全相同的,没有被篡改过。

【例 12-1】　对"图书销售"数据库进行签名打包。

首先根据 12.3.1 节的方法创建一个用于对"图书销售"数据库进行签名的数字证书,保存为"图书销售证书"。

打开"图书销售"数据库,在"文件"选项卡上,单击"保存并发布",然后在"高级"下单击"打包并签署",将出现"选择证书"对话框,如图 12-6 所示。

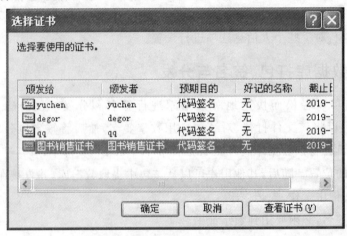

图 12-6　"选择证书"对话框

192

选择数字证书,然后单击"确定"按钮,出现"创建 Microsoft Office Access 签名包"对话框。在"保存位置"列表中,为签名的数据库包选择一个位置。在"文件名"框中为签名包输入名称,然后单击"创建"按钮,Access 将创建.accdc 文件并将其放置在设定的位置。

12.3.3 提取并使用签名包

在提取签名包时,如果该包没有被破坏或篡改,则可以被正常打开。

【例 12-2】 从"图书销售.accdc"中提取"图书销售"数据库。

双击文件"图书销售.accdc",如果选择了信任用于签名的安全证书(可在信任中心的"受信任的发布者"列表中查看),则会出现"将数据库提取到"对话框。否则,会出现安全声明提示框,如图 12-7 所示。

如果信任该数据库,就单击"打开"按钮。如果信任来自提供者的任何证书,可单击"信任来自发布者的所有内容",将出现"将数据库提取到"对话框。另外,还可以在"保存位置"列表中为提取的数据库选择一个位置,然后在"文件名"框中为提取的数据库输入其他名称。最后单击"确定"按钮即可。

注意,如果在遇到安全声明时单击了"信任来自发布者的所有内容",则"图书销售证书"将被添加到信任中心的"受信任的发布者"列表中。

另外,如果"图书销售.accdc"在打开之前被修改过(例如用写字板将该文件打开,并对其进行修改后保存),则打开时会弹出一个安全声明对话框,表明该文件已被破坏,无法打开,如图 12-8 所示。

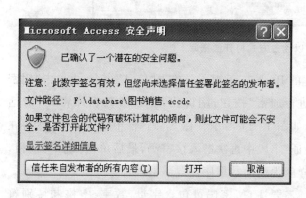

图 12-7 安全声明提示框

图 12-8 签名验证失败声明

12.4 数据库访问密码

12.4.1 数据库的密码保护功能

Access 中的加密工具合并了两个旧工具(编码和数据库密码),并加以改进。使用数据库密码来加密数据库时,所有其他工具都无法读取数据,并强制用户必须输入密码才能使用数据库。在 Access 2010 中加密所使用的算法比早期版本的 Access 使用的算法更强。

【例 12-3】 为"教材管理"数据库添加密码保护。

要为数据库设置密码,必须保证数据库以独占方式打开,否则,Access 会弹出对话框加以提示,如图 12-9 所示。

图 12-9　独占方式打开数据库提示对话框

首先运行 Access 2010,进入 Backstage 视图,单击"打开"命令,在"打开"对话框中,通过浏览找到"图书销售"数据库,然后选择文件。单击"打开"按钮旁边的箭头,然后单击"以独占方式打开",如图 12-10 所示。

图 12-10　以独占方式打开数据库

单击"文件"选项卡,进入当前数据库的 Backstage 视图。单击"信息"命令,再单击"用密码进行加密"按钮,随即出现"设置数据库密码"对话框,如图 12-11 所示。在"密码"框中键入密码,然后在"验证"字段中再次键入该密码,最后单击"确定"按钮,这样就为当前数据库设置了密码。

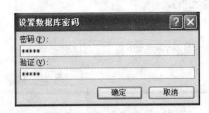

图 12-11　"设置数据库密码"对话框

需要注意,密码可包含字母、数字、空格和特别符号的任意组合,最长为 20 个字符。密码区分大小写,如果定义密码时混合使用了大小写字母,用户输入密码时的大小写形式必须与定义时完全一致。如果忘记密码,将无法打开访问受密码保护的文件。

密码有所谓"强密码""弱密码"之分。同时使用包含大小写字母、数字和符号的为强密码。弱密码不混合使用这些元素。例如,Y6dh! et5 是强密码,House27 是弱密码。

一般情况下,可以定义便于记忆的强密码,密码长度应大于或等于 8 个字符。最好使用包括 14 个或更多个字符的密码。

记住密码很重要。如果忘记了密码,Microsoft 将无法找回。最好将密码记录下来,保存在一个安全的地方,这个地方应该尽量远离密码所要保护的信息。

当要打开一个被加密的数据库时,会出现"要求输入密码"对话框,这时在"输入数据库密码"框中键入正确的密码,然后单击"确定"按钮,即可打开该数据库文件。

12.4.2　撤销和修改密码

如果用户想撤销已经定义了密码的数据库中的密码,必须以独占方式打开该数据库,然后单击"文件"选项卡进入当前数据库的 Backstage 视图,单击"信息"按钮,然后单击"解密数据库"按钮,弹出图 12-12 所示的"撤消数据库密码"对话框。输入正确的密码,单击"确定"按钮,即撤销生效。

图 12-12　设置撤销数据库密码

Access 没有直接修改密码的界面,因此,如果要修改密码,用户必须用上面的方法先撤销密码,然后重新设置新的密码。

 ## 12.5　数据库的压缩和修复

为确保实现 Microsoft Access 文件的最佳性能,我们应该定期对 Microsoft Access 文件进行压缩和修复。当 Microsoft Access 文件在使用过程中发生了严重的错误时,同样也能使用"压缩和修复数据库"功能恢复 Microsoft Access 文件。

12.5.1　压缩和修复数据库的原因

数据库文件在使用过程中会不断变大,这个原因是多方面的。数据库中的记录数量增加是其中一个原因,但也还有许多其他方面的原因。例如,Access 会创建临时的隐藏对象来完成各种任务,在不再需要这些临时对象时仍将它们保留在数据库里。另外,删除数据库对象时,系统不会自动回收该对象所占用的磁盘空间,因此尽管数据对象被删除了,但数据库文件仍然占用这些磁盘空间,形成磁盘"碎片"。

基于这些原因,随着数据库文件中遗留的临时对象以及磁盘"碎片"不断增加,数据库的性能会逐渐降低,打开对象的速度更慢,查询执行时间可能更长,各种操作通常需要等待更长的时间。

另外,如果在数据库使用期间发生掉电、死机等故障,Access 数据库可能会受到破坏。同时,VBA 模块的不完善也可能导致数据库设计受损,例如丢失 VBA 代码或无法使用窗体。

因此,为了确保数据库的最佳性能,应该定期进行压缩和修复数据库操作。

12.5.2　压缩和修复操作

由于在数据库的修复过程中 Access 有可能会截断已损坏表中的某些数据,因此应尽可能先对数据库进行备份,然后再开始执行压缩与修复操作。

打开数据库文件,单击"文件"菜单,单击"信息"选项卡,再单击"压缩和修复数据库"按钮,即可完成对当前文件的压缩和修复操作,如图 12-13 所示。

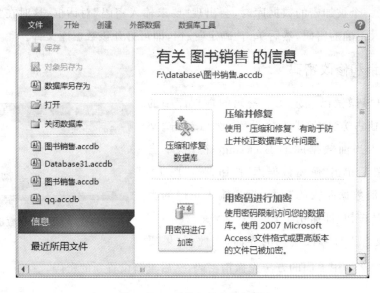

图 12-13 压缩和修复数据库

用户可以通过相应的设置使得 Access 在关闭数据库时自动进行压缩和修复操作。在 "文件"菜单下,单击"选项"选项卡,打开"Access 选项"对话框,然后在左侧的子窗口中单击 "当前数据库",然后在"应用程序选项"下,选中"关闭时压缩"复选框,单击"确定"按钮即可, 如图 12-14 所示。

图 12-14 设置关闭数据库时自动执行压缩和修复操作

12.6　拆分数据库

如果数据库由多位用户通过网络共享,则应考虑对其进行拆分。拆分共享数据库不仅有助于提高数据库的性能,还能降低数据库文件损坏的风险。

12.6.1　拆分数据库的优点和注意事项

拆分数据库时,数据库将被重新组织成两个文件:后端数据库和前端数据库。其中,后端数据库包含各个数据表,前端数据库则包含查询、窗体和报表等所有其他数据库对象。每个用户都使用前端数据库的本地副本进行数据交互。

拆分数据库具有下列优点。

- 提高性能

拆分数据库通常可以极大地提高数据库的性能,因为网络上传输的将仅仅是数据。而在未拆分的共享数据库中,在网络上传输的不只是数据,还有表、查询、窗体、报表、宏和模块等数据库对象本身。

- 提高可用性

由于只有数据在网络上传输,因此可以迅速完成记录、编辑等数据库事务,从而提高了数据的可编辑性。

- 增强安全性

如果将后端数据库存储在使用 NTFS 文件系统的计算机上,则可以使用 NTFS 安全功能来帮助保护数据。由于用户使用链接表访问后端数据库,因此入侵者不太可能通过盗取前端数据库或冒充授权用户对数据进行未经授权的访问。

- 提高可靠性

如果用户遇到问题且数据库意外关闭,则数据库文件损坏范围通常仅限于该用户打开的前端数据库副本。由于用户只通过使用链接表来访问后端数据库中的数据,因此后端数据库不太容易被损坏。

- 灵活的开发环境

由于每个用户分别处理前端数据库的一个本地副本,因此他们可以独立开发查询、窗体、报表及其他数据库对象,而不会相互影响。同理,用户也可以开发并分发新版本的前端数据库,而不会影响对存储在后端数据库中的数据的访问。

要拆分数据库,可使用数据库拆分器向导。拆分数据库后,必须将前端数据库分发给各个用户。但在拆分数据库之前,要注意下列事项:

其一,拆分数据库之前,始终都应先备份数据库,这样,如果在拆分数据库后决定撤销该操作,则可以使用备份副本还原原始数据库。

其二,拆分数据库可能需要很长时间。拆分数据库时,应该通知用户不要使用该数据库。如果用户在拆分数据库时更改了数据,其所做的更改将不会反映在后端数据库中。这种情况下可以在拆分完毕后再将新数据导入到后端数据库中。

其三,虽然拆分数据库是一种共享数据的途径,但数据库的每个用户都必须具有与后端数据库文件格式兼容的 Microsoft Office Access 版本。例如,如果后端数据库文件使用 .accdb 文件格式,则使用 Access 2003 的用户将无法访问它的数据。

其四,如果使用了不再受支持的功能,则可能需要让后端数据库使用早期的 Access 文件格式。例如,如果使用了数据访问页(DAP),则可以在后端数据库使用支持 DAP 的早期文件格式时继续使用数据访问页。随后,用户可以让前端数据库采用新的文件格式,以便用户可以体验到新格式的优点。

12.6.2 拆分数据库操作

拆分数据库操作必须在本地硬盘驱动器而不是网络共享上进行。如果数据库文件的当前共享位置是本地硬盘驱动器,则可以将其保留在原来的位置。

【例 12-4】 对"教材管理"数据库进行拆分。

首先对"教材管理"数据库进行备份。

打开本地硬盘驱动器上的"教材管理"数据库。在"数据库工具"选项卡上的"移动数据"组中,单击"访问数据库",随即将启动数据库拆分器向导,如图 12-15 所示。

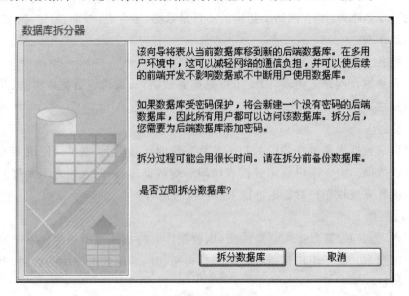

图 12-15　数据库拆分器对话框

单击"拆分数据库"按钮,在"创建后端数据库"对话框中,指定后端数据库文件的名称、文件类型和位置。Access 建议的名称保留了原始文件名,并在文件扩展名之前插入了_be,即"教材管理_be.accdb",用以指示该数据库为后端数据库。

当然,如果要共享后端数据库,则应在"文件名"框中输入网络位置的路径(应放在文件名之前)。例如,如果后端数据库的网络位置为\\server1\share1\,且文件名为图书销售_be.accdb,则可以在"文件名"框中输入 \\server1\share1\教材管理_be.accdb。

选择的位置必须能让数据库的每个用户访问到。由于驱动器映射可能不同,因此应指定位置的 UNC(即通用命名约定)路径,而不要使用映射的驱动器号。

该向导完成后将显示确认消息。现在数据库已拆分完毕,前端数据库是用户开始时处理的文件(原始共享数据库),后端数据库则位于指定的网络共享位置。

拆分数据库后,应将前端数据库(通过电子邮件或可移动介质)分发给各个用户,以使他们可以开始使用该数据库。

本 章 小 结

　　本章和第 11 章是阅读材料。阅读和浏览它们,可以开阔我们的数据库知识视野。

　　本章从安全管理的角度介绍了 Access 常用的安全管理技术,包括信任中心的应用,数据库的打包、签名与分发技术,数据库的密码访问技术,数据库的压缩与修复技术,以及拆分数据库的应用方法等。

　　数据库安全是信息安全的重要组成部分,也是整个信息安全体系结构中最底层的构件。数据库安全是指数据库的任何部分都不允许受到恶意侵害或未经授权的存取或修改。其主要内涵包 括三个方面,即保密性(不允许未经授权的用户存取信息)、完整性(只允许被授权的用户修改数据)和可用性(不应拒绝已授权的用户对数据进行存取)。本章介绍的 Access 安全管理技术在一定程度上对这些性质提供保护。

参考文献

[1] 肖慎勇,杨博,等.数据库及其应用(Access 及 Excel)[M].北京:清华大学出版社,2009.

[2] 肖慎勇.数据库及其应用(Access 及 Excel)学习与实验实训教程[M].北京:清华大学出版社,2009.

[3] 肖慎勇,熊平.数据库及其应用(Access 及 Excel)[M].2 版.北京:清华大学出版社,2014.

[4] 肖慎勇.数据库及其应用(Access 及 Excel)学习与实验实训教程[M].2 版.北京:清华大学出版社,2014.

[5] 何友鸣.数据库原理及应用[M].北京:人民邮电出版社,2014.

[6] 何友鸣.数据库原理及应用实践教程[M].北京:人民邮电出版社,2014.

[7] Hector Garcia-Molina,等.数据库系统全书[M].岳丽华,杨冬青,等,译,北京:机械工业出版社,2003.

[8] 尤峥.数据库原理与应用[M].武汉:武汉大学出版社,2010.